Aufgaben

aus der

Elektricitätslehre.

Methodisch geordnet

und mit

Berücksichtigung aller Theile der Elektricität

sowie

unter Zugrundelegung der absoluten Maasse

bearbeitet

von

Dr. Robert Weber,

Professor an der Akademie in Neuchâtel.

Mit in den Text gedruckten Figuren.

Berlin.

Verlag von Julius Springer.

1888.

ISBN 978-3-642-51225-4   ISBN 978-3-642-51344-2 (eBook)
DOI 10.1007/978-3-642-51344-2

Vorwort.

Die vorliegende Aufgabensammlung sollte zunächst einem Bedürfniss genügen, welches sich mir beim Unterricht mehr und mehr fühlbar machte. Dieselbe scheint mir aber auch in anderen Kreisen von Nutzen zu sein: jedem, der das Bedürfniss fühlt, sich mit den Einheiten, den Anschauungen, den Gesetzen und Formeln der Elektricitätslehre vertraut zu machen; jedem, der sich in elektrischen Dingen eben so leicht, bequem und bestimmt ausdrücken will wie in den gebräuchlichsten räumlichen und mechanischen Verhältnissen.

Dem Schüler verschiedener Stufen soll sie, ähnlich wie die Sammlungen mathematischer Aufgaben, Gelegenheit geben, sein Denkvermögen, seine Geschicklichkeit, Bestimmtheit und Klarheit des Ausdruckes, sowie sein Gedächtniss an interessantem und nützlichem Material zu üben.

Ich glaube, den Gedanken, welcher mich bei der Abfassung der Aufgaben leitete, nicht besser ausdrücken zu können als durch die Worte Sir W. Thomson's in den „Electrical Units of Measurements" (1883): „Man könnte kaum einen grösseren Irrthum begehen als diesen, die praktischen Anwendungen der Wissenschaft als unbedeutend anzusehen. Diese Anwendungen sind die Seele und das Leben der Wissenschaft, und wie die grossen Fortschritte in den mathematischen Wissenschaften aus dem Bedürfniss hervorgingen, Aufgaben von grösstem praktischem Nutzen zu lösen, so muss auch die Lösung der meisten wichtigsten Fortschritte in der Physik, von ihren Anfängen an bis heute, dem eifrigen Streben zugeschrieben werden, unsere Kenntnisse von den Eigenschaften der Materie auf etwas der Menschheit nützliches anzuwenden. — Ich sage oft, dass man von einer Erscheinung schon etwas weiss, wenn man dieselbe messend verfolgen und in Zahlen ausdrücken kann, während man ohne dieses von derselben nur eine sehr geringe und sehr unvollständige Kenntniss, ja kaum einen elementarwissenschaftlichen Begriff des Gegenstandes besitzt."

Um die Sammlung einem möglichst weiten Kreise nutzbar zu machen, habe ich bei ihrer Bearbeitung die verschiedensten und besten der neueren Lehrbücher zu Rathe gezogen und mich durch deren leitenden Gedanken oft bestimmen lassen; ich nenne von diesen Autoren nur Ganot, Schoentjes, Wüllner, Kittler, Kohlrausch, Day und besonders Serpieri.

Die Aufgaben sind möglichst der Wirklichkeit angepasst; die angegebenen Zahlenwerthe sind meist das Ergebniss von Messungen, welche unter Verhältnissen gleicher oder ähnlicher Art wie diejenigen der Aufgabe selbst ausgeführt wurden. — Ueberall sind absolute Maasse und die von der internationalen Commission in Paris (1884) festgesetzten Namen zu Grunde gelegt.

Die grosse Mehrzahl der angeführten Tafeln ist eine getreue Wiedergabe der besten von den geschätztesten Physikern erhaltenen Ergebnisse.

Neuchâtel, April 1888.

Der Verfasser.

Inhalt.

A. Statische Elektricität.

B. Dynamische Elektricität.

Die Einheiten des absoluten Maasssystems.

C. Tafeln.

A. Statische Elektricität.

I. Art der Elektricität.

1) Auf der einen von zwei Metallkugeln befinden sich 0,0015 elektrische Einheiten, und 0,0057 Einheiten auf der anderen. Welches ist die vorhandene Elektricitätsmenge, nachdem man beide Kugeln zur Berührung gebracht hat, 1) wenn beide gleichnamige Elektricität enthielten? — 2) wenn sie beide ungleichnamige Elektricität hatten?

Antwort: Im ersten Fall wird nichts zerstört oder ausgeglichen, die Ladung beträgt also $Q_1 = 0{,}0072$ Einheiten. — Im anderen Falle findet eine theilweise Ausgleichung statt, und beträgt die Ladung nur $Q_2 = \pm\, 0{,}0042$ Einheiten.

2) Drei Körper mit metallischer Oberfläche und bezüglich mit $0{,}0123 \times 3 . 10^9$ Einheiten (*E. S. E.*), mit $0{,}0075 \times 3 . 10^9$ *E. S. E.* und mit $0{,}0048 \times 3 . 10^9$ *E. S. E.* geladen. Welches wird die Ladung werden, wenn man die drei Körper gleichzeitig zur Berührung bringt und wenn der erste Körper Elektricität enthält, welche derjenigen der anderen entgegengesetzt ist?

Antwort: Es wird $Q = + 0{,}0123 \times 3 . 10^9 - 0{,}0075 \times 3 . 10^9 - 0{,}0048 \times 3 . 10^9$ *E. S. E.* $= O$.

II. Begriff der Einheiten von Kraft und Arbeit.

3) Wie viele Dyn sind nöthig, um diejenige Wirkung hervorzubringen, welche die Schwerkraft an einem Gramm hervorbringt?

Antwort: Da ein Dyn eine Beschleunigung von nur 1 *cm* erzeugen soll, die Schwerkraft aber der Masse eines Grammes eine Beschleunigung von 981 *cm* ertheilt, so sind 981 Dyn derjenigen Kraft gleich, mit welcher die Erde auf die Masse eines Grammes wirkt.

4) Welcher Bruchtheil ist ein Dyn von derjenigen Kraft, mit welcher die Schwere auf ein *kgr* wirkt?

Antwort: Da 981 Dyn einem Gramm entsprechen, so ist 981 000 Dyn einem *kgr* gleichwerthig, oder 1 Dyn = $^1/_{981000}$ *kgr*.

5) Man soll in Dyn diejenige Kraft ausdrücken, mit welcher die Erde auf 376,23 *gr* wirkt.

Antwort: 376,23 *gr* = 376,23 . 981 Dyn = 369 081,63 Dyn.

6) Welcher Druck in Dyn entspricht dem Gewicht eines *mgr*?

Antwort: 1 *mgr* = 0,001 . 1 *gr* = 0,001 . 981 Dyn = 0,981 Dyn $\doteq$ 1 Dyn.

7) Man gebe das Verhältniss der Drucke eines *kgr* und eines Megadyn.

Antwort: Es ist 1 *kgr* = 981 000 Dyn = 0,981 Megadyn $\doteq$ 1 Megadyn.

8) Welcher Kräfte in Dyn bedarf es, um die Masse eines Grammes bezüglich am Pol, in Paris, am Aequator zu heben?

Antwort: Entsprechend den Werthen der Beschleunigung der Schwere in diesen Orten entspricht 1 *gr* am Pol 983,11 Dyn, in Paris 980,94 Dyn, am Aequator 978,10 Dyn.

9) Es sei die mittlere Barometerhöhe am Meer 760 *mm*. Wie gross ist dieser Druck in Dyn ausgedrückt?

Antwort: Das Gewicht einer Quecksilbersäule von 760 *mm* entspricht dem Druck von 1033 Grammen, also demjenigen von 1033 . 981 Dyn = 1,013 . 10^6 Dyn.

10) Man verlangt die Wirkung zu kennen, welche die Centrifugalkraft am Aequator auf die Masse von 6 Gramm ausübt.

Antwort: Nach der bekannten Formel ist der Werth der Fliehkraft $f = m\dfrac{v^2}{r}$, also $f = m r \left(\dfrac{2\pi}{T}\right)^2 = 6 \times 6,38 . 10^8 \times \left(\dfrac{2\pi}{86\,164}\right)^2 = 20{,}34$ Dyn.

11) Ein Dyn verschiebe seinen Angriffspunkt um 1 *cm*, welches is dann der Betrag der geleisteten Arbeit?

Antwort: Zu Folge seiner Definition ist diese Arbeit 1 Erg.

12) Wenn 981 Dyn einen Körper um $^4/_3$ *cm* verschieben, welches ist dann die geleistete Arbeit?

Antwort: Die Arbeit beträgt 981 . $^4/_3$ = 1308 Erg.

13) Die Masse eines Grammes fällt einen *cm* tief unter dem alleinigen Einfluss der Schwere; welches ist die gethane Arbeit?

Antwort: Da die wirkende Kraft 981 Dyn beträgt, so ist die Arbeit 981 $\times$ 1 = 981 Erg.

14) Welcher Arbeit in Erg entsprechen x *cmgr*?

Antwort: Da ein *gr . cm* einer Arbeit von 981 Erg entspricht, so machen die x *cmgr* eine Arbeit von 891 . x Erg aus.

15) Wie viele Erg entsprechen einer Arbeit von 267 *grcm*?

Antwort: 267 *cmgr* = 267 $\times$ 981 Erg = 0,262 Megaerg.

16) Man drücke in Erg die Arbeit von a) 1 *mgr*, b) 1 *mkgr*, c) 562 *mgr*, d) 4,2 *mkgr*, e) 75 *mkg*, f) 2 Pferden 46 *mkg* aus.

Antwort: Es ist a) 1 *mgr* = 100 *cmgr* = 98100 Erg;

    b) 1 *mkg* = 100 . 1000 *cmgr* = 98100000 Erg = 98,1 Megaerg;

    c) 562 *mgr* = 562 . 100 *cmgr* = 55,13 Megaerg;

    d) 4,2 *mkg* = 4,2 . 100000 *cmgr* = 412,02 Megaerg;

    e) 75 *mkg* = 7500000 *cmgr* = 7357,5 Megaerg;

    f) 2 ℍ 46 *mkg* = (2 . 75 + 46) *mkg* = 196 *mkg* = 19600000 *cmgr* = 192276 Megaerg.

17) Was entspricht einem Erg in elektro-magnetischen Einheiten (*E. M. E.*) ausgedrückt?

Antwort: Die Einheit der Arbeit im System der *E. M. E.* ist ein Erg; denn Erg ist der Name der Arbeitseinheit, abgesehen und unabhängig vom System der elektrischen (elektrostatischen oder elektrodynamischen) Einheiten.

18) Was entspricht einem Erg im System der elektrostatischen Einheiten (*E. S. E.*)?

Antwort: Eine Einheit der Arbeit im elektrostatischen System ist ein Erg.

19) Wenn 424 *mkg* eine Wärmemenge von 1 Calorie (*kgr* — Grad Celsius) erzeugen, welche Wärmemenge entspricht dann einem Erg a) in Cal. Gramm, b) in Cal. *kgr* ausgedrückt?

Antwort: Da ein *mkgr* der Arbeit von $981 . 10^5$ Erg entspricht, so müssen $424 . 981 . 10^5$ Erg der Wärmemenge einer Cal. *kgr* entsprechen; umgekehrt also ist $1 \text{ Erg} = \dfrac{1}{424 . 981 . 10^5}$ Cal. *kgr* $= 24 . 10^{-12}$ Cal. *kgr*.

Andererseits ist diejenige Wärmemenge, welche 1 *gr* Wasser um einen Grad Celsius erwärmt, nur $0{,}001$ derjenigen Menge, welche 1 *kgr* um 1 Grad erwärmt. Es ist demnach

$$1 \text{ Erg} = 1000 . 24 . 10^{-2} \text{ Cal. } gr = 24 . 10^{-9} \text{ Cal. } gr.$$

20) Welche Arbeit erzeugt die Wärmemenge einer Caloriegramm?

Antwort: Durch Umkehrung der Beziehung in No. 19 ergiebt sich, dass

$$1 \text{ Cal. } gr = \frac{10^9}{24} \text{ Erg} = 0{,}418 . 10^8 \text{ Erg}.$$

21) Indem ein *kgr* Kohle vollständig verbrennt, erzeugt sie $76 . 10^8$ Cal. *gr*, welcher Arbeit entspricht diese Wärmeenergie?

Antwort: Mit Benutzung des Ergebnisses der vorigen Aufgabe ergiebt sich als gesuchte Arbeit

$$76 . 10^8 \times 0{,}418 . 10^8 \text{ Erg} = 3238{,}3 . 10^6 \; mkgr = 432 . 10^5 \text{ P.}$$

III. Begriff der Einheit der Elektricitätsmenge.

22) Eine Kugel mit einem Halbmesser von $R = 9$ Kilometer ist in Verbindung gesetzt mit dem einen der Pole eines Daniell'schen Elementes (1 Volt), während sein anderer Pol zur Erde abgeleitet ist. Welche Elektricitätsmenge wird diese Kugel aufnehmen können?

Antwort: Die Elektricitätsmenge ist durch die Beziehung $Q = C . V$ an die Capacität und das Potential gebunden. Im vorliegenden Fall werden also die

$$Q \text{ Mengen Einheiten} = 900000 \; cm \times 1 \text{ Volt} =$$
$$900\,000 \times \frac{1}{3 . 10^2} \; E. \; S. \; E. = 3000 \; E. \; S. \; E. \text{ sein, oder} =$$
$$\frac{3000}{3 . 10^9} \text{ Coulomb} = 10^{-6} \text{ Coulomb}.$$

23) Es sind 1500 Daniell'sche Elemente (von je 1 Volt) in Reihe geschaltet. Der eine Pol der Batterie ist mit der Erde verbunden; die Elektricität des anderen Poles sei irgendwie abgeleitet. Welche Elektricitätsmenge wird die Erde schliesslich aufgenommen haben?

Antwort: Nach $Q = C \cdot V$ wird dieselbe $636{,}3 \cdot 10^6$ *cm* $\times$ 1500 Volts $=$

$$6363 \cdot 10^5 \times \frac{1500}{3 \cdot 10^2} \; E.\; S.\; E. = 31815 \cdot 10^5 \; E.\; S.\; E. =$$

$$\frac{31815 \cdot 10^5}{3 \cdot 10^9} = 1{,}06 \text{ Coulomb.}$$

24) Eine Kugel mit einem Halbmesser von 1 *cm* wurde mit dem einen Pol eines Daniell'schen Elementes in Berührung gebracht, welche Ladung hat sie aufnehmen können?

Antwort: Den Daniell zu 1 Volt $= \frac{1}{300}$ *E. S. E.* gerechnet, konnte die Kugel $1 \cdot \frac{1}{300} = \frac{1}{300}$ *E. S. E.* aufnehmen.

IV. Begriff der Einheit der Capacität.

25) Für eine kreisförmige Scheibe, welche gleichmässig mit Elektricität belegt ist, findet man $Q = \frac{R}{2} \cdot V$, worin der Factor von V die Capacität genannt wird. Welche Capacität hat diese Scheibe, wenn das Potential V und die Elektricitätsmenge Q beide der Einheit gleich sind? und wie gross muss der Halbmesser der Scheibe sein, damit ihre Capacität einer *E. S. E.* gleich sei?

Antwort: Da man in der ersten Frage die Bedingung erfüllt haben will, dass $1 = \frac{R}{2} \cdot 1$, so muss $C = \frac{R}{2}$ ebenfalls der Einheit (der Capacität) gleich sein.

Nach der zweiten Frage soll $1 = \frac{R}{2}$ sein, demnach $R = 2$ *cm*, d. h. damit eine kreisförmige, gleichmässig belegte Scheibe die Capacität Eins habe, muss ihr Durchmesser 4 *cm* betragen.

26) Welchen Halbmesser muss eine kreisförmige Scheibe haben, damit ihre Capacität ein Farad sei?

Antwort: Da für eine solche Scheibe $C = \frac{R}{2}$, so muss $R = 2$ Farad, oder $R = 2 \times 9 \cdot 10^{11}$ *E. S. E.* $= 18\,000\,000$ Kilometer sein.

27) Die Capacität einer Kugel ist ihrem Halbmesser gleich; wie gross muss sonach der Halbmesser einer Kugel sein, damit ihre Capacität ein Microfarad betrage?

Antwort: Der in der Aufgabe gegebenen Beziehung zu Folge, muss also $R = 1$ Microfarad $= 9 \cdot 10^5$ *E. S. E.* $= 9 \cdot 10^5$ *cm* $=$ 9 Kilometer sein.

28) Wie gross ist die Capacität der Erdkugel?

Antwort: Der Erdhalbmesser ist $R = \dfrac{4\,000\,000\,000 \; cm}{2\,\pi} =$ $6363 \cdot 10^5$ *cm*. Die Capacität der Erde ist demnach $C = 6363 \cdot 10^5$ *E. S. E.* $= \dfrac{6363 \cdot 10^5}{9 \cdot 10^5}$ Microfarad $= 707$ Microfarad $= 0{,}00071$ Farad.

29) Wie gross muss der Halbmesser einer Kugel sein, deren Capacität ein Farad ist?

Antwort: Da einerseits 1 Farad $= 9 \cdot 10^{11}$ *E. S. E.* $=$ $9 \cdot 10^{11}$ *cm*, und anderseits der Kugelhalbmesser seiner Capacität gleich ist, so muss der Halbmesser $= 9\,000\,000$ Kilometer, oder ungefähr gleich 1400 Erdhalbmessern sein.

30) Ein Condensator wurde mit einem Daniell'schen Element geladen, dessen elektromotorische Kraft genau 1 Volt war. Bei der Entladung gab er $1{,}33 \cdot 10^{-6}$ Coulomb ab. Wie gross muss seine Capacität gewesen sein?

Antwort: Da die Potentialdifferenz der Einheit gleich ist, so muss die Anzahl der Farad auch der Anzahl der Coulomb gleich sein, nach $Q = C \cdot V$. Daraus folgt $C = 1{,}33$ Microfarad.

V. Das Coulomb'sche Gesetz.

31) Von zwei positiv elektrisch geladenen Metallkugeln enthält die eine M Einheiten, die andere m Einheiten; die Entfernung ihrer beiden Mittelpunkte beträgt a *cm*. Eine kleine Hollundermarkkugel ist so zwischen beiden Metallkugeln aufgehängt, dass sie sich keiner nähert. In welcher Entfernung von den Kugeln muss sie sich befinden?

Antwort: Bezeichnet man die gesuchten Entfernungen mit x und y, so müssen die beiden Gleichungen erfüllt sein

$$x + y = a \quad \text{und} \quad \frac{M}{x^2} = \frac{m}{y^2},$$

von denen letztere sagt, dass die Anziehung nach beiden Seiten gleich stark.

Durch Auflösung der Gleichungen nach x und y findet man

$$x = \frac{aM \pm a\sqrt{M \cdot m}}{M - m}; \qquad y = \frac{-am \pm a\sqrt{Mm}}{M - m}.$$

32) Wo befindet sich die kleine Kugel (der vorigen Aufgabe), wenn diese die positive Ladung μ hat, wenn M positiv und m negativ ist?

Antwort: In diesem Falle muss sich die Kugel ausserhalb der beiden Massen M und m befinden, so dass

$$x - y = a \quad \text{und} \quad \frac{M}{x^2} = + \frac{m}{y^2}.$$

Die Auflösung dieser Gleichungen ergiebt

$$y = \frac{+a}{M - m} \left\{ m \pm \sqrt{mM} \right\}; \quad x = \frac{+a}{M - m} \left\{ M \pm \sqrt{mM} \right\}.$$

33) Von zwei Kugeln befindet sich die eine über der anderen in der Entfernung von a cm; die obere ist fest gehalten und hat eine Ladung $- m$, die untere wiegt p gr und hat eine unbekannte Ladung mx, welche sie in der Entfernung von a cm bleibend erhält. Wie gross ist diese Ladung?

Antwort: Die Anziehung beider Ladungen erfolgt mit einer Kraft von $\frac{m \cdot xm}{a^2}$ Dyn; die Schwerkraft strebt dieselben zu entfernen mit $981 \cdot p$ Dyn. Aus der Gleichsetzung beider Kräfte ergiebt sich, dass $x = \frac{981\,a^2\,p}{m^2}$ sein muss, und dass die gesuchte Ladung $mx = \frac{981\,a^2\,p}{m}$ E. S. E. betragen muss.

Wenn z. B. $a = 2$ cm; $p = \frac{1}{40}$ gr; $m = \frac{1}{3}$ E. S. E., so muss die schwebende Kugel eine Ladung von $294{,}3$ E. S. E. erhalten.

VI. Das Potential.

34) Auf einem Halbkreis, dessen Radius r cm lang ist, sind fünf positiv geladene Kugeln gleichmässig vertheilt, so dass die

Kugeln mit den Massen m_1 und m_5 auf dem Durchmesser liegen. Im Mittelpunkt sei die negativ elektrische Masse — 1. Wie gross ist das Potential in diesem Punkte?

Antwort: Aus der Definition des Potentials als algebraische Summe der Quotienten aus Masse und Entfernung ergiebt sich

$$V = \frac{1}{r} \left\{ m_1 + m_2 + m_3 + m_4 + m_5 \right\}.$$

35) Wie gross ist, im Falle der vorigen Aufgabe, das Potential? und wie gross ist die resultirende, auf den Mittelpunkt gerichtete Kraft, wenn alle Massen der Einheit gleich sind?

Antwort: Das Potential hat den Werth $V = \frac{5}{r}$. — Die Grösse der resultirenden Kraft ergiebt sich am einfachsten aus der Betrachtung, dass die Massen symetrisch zu einem Radius liegen. Zwei der Kräfte heben sich auf; zwei andere betragen $\frac{1}{r^2}$, liefern aber nur den Betrag $\frac{1}{r^2} \cdot \cos 45^0$ nach der Richtung des genannten Radius; die dritte Masse wirkt mit ihrem vollen Betrag. Die Resultirende hat somit die Grösse

$$R = 2 \cdot 0 + 2 \cdot \frac{1}{r^2} \cos 45^0 + \frac{1}{r^2} = 2{,}414 \cdot \frac{1}{r^2}.$$

36) Wie gross ist das Potential der Massen m_i im Mittelpunkt, wenn auch dieser eine positive Ladung enthält?

Antwort: In diesem Falle haben alle Glieder geändertes Vorzeichen, somit wird der Werth des Potentials $V = -\frac{5}{r}$.

37) Eine Metallkugel von 30 *cm* Radius ist mit 10^{-6} Coulomb geladen; welches sind die Werthe des Potentials a) im Mittelpunkt, b) in der Entfernung $\frac{R}{2} = 15$ *cm* vom Centrum, c) in der Entfernung $2R = 60$ *cm*.

Antwort: Da allgemein $V = \frac{Q}{R}$ für die Kugel, so ist im vorliegenden Fall $V_1 = \frac{10^{-6} \text{ Coulomb}}{30 \text{ } cm} = \frac{3 \cdot 10^9 \times 10^{-6}}{30}$ *E. S. E.*

$= 100$ *E. S. E.* $= 100 \times 3 \cdot 10^2$ Volts $= 30000$ Volts; —

$V_2 = 30000$ Volts $= V_1$, weil das Potential für alle Punkte im Inneren denselben Werth hat; — $V_3 = \dfrac{10^{-6} \text{ Conlombs}}{60 \text{ } cm} = 15\,000$ Volts.

38) Eine Kugel hat einen Halbmesser von 20 *cm* und ist mit 240 *E. S. E.* beladen. Wie gross sind dann die Radien der Kugeln, für deren Punkte der Potentialwerth durch eine ganze Zahl ausgedrückt wird?

Antwort: Die gesuchten Entfernungen ergeben sich aus der allgemeinen Beziehung $V . R = Q$, indem man für V nach und nach alle ganzen Zahlen einsetzt. Der grösste Potentialwerth ergiebt sich für $x = R = 20$ *cm* zu $V_m = 12$ *E. S. E.* Die übrigen noch möglichen ganzzahligen Potentialwerthe sind sonach 11, 10, 9, ..., 2, 1, 0. Die bezüglichen Kugelradien ergeben sich aus $11 = \dfrac{240}{x_{11}}$

$10 = \dfrac{240}{x_{10}}, \ldots, 2 = \dfrac{240}{x_2}, 1 = \dfrac{240}{x_1}, 0 = \dfrac{240}{x_0}$ zu $x_{11} = 21{,}818$ *cm*;;

$x_{10} = 24$ *cm*, ..., $x_2 = 120$ *cm*, $x_1 = 240$ *cm*, $x_0 = \infty$.

39) Auf einer Linie, welche durch den Mittelpunkt einer unendlich dünnen Kugelschale geht, befinden sich in den Entfernungen $0, \dfrac{R}{2}, R, {}^3\!/_2 R, {}^4\!/_2 R, \ldots$ Punkte mit der Einheit der Ladung. Die Schale enthält die Ladung Q. Wie gross ist das Potential in jedem dieser Punkte? und mit welcher Kraft wirkt die Ladung Q auf jeden dieser Punkte?

Antwort: Im Innern der Schale ist das Potential $= \dfrac{Q}{R} =$ constant; vom Punkte ${}^3\!/_2 R$ ab sind die Potentiale bezüglich ${}^2\!/_3 \dfrac{Q}{R},$ ${}^2\!/_4 \dfrac{Q}{R}, {}^2\!/_5 \dfrac{Q}{R} \ldots$

Die Kraft der gegenseitigen Einwirkung ist Null für die im Innern gelegenen Punkte, für die anderen ist sie bezüglich ${}^4\!/_9 \dfrac{Q}{R^2};$ ${}^4\!/_{16} \dfrac{Q}{R^2}; {}^4\!/_{25} \dfrac{Q}{R^2}; {}^4\!/_{36} \dfrac{Q}{R^2}; \ldots$

40) Eine mit $6 . 10^{-8}$ Coulomb beladene Kugel von $R_1 = 10$ *cm* Radius ist von einer anderen Kugel umschlossen, deren Radien

$R_2 = 18$ cm und $R_3 = 22$ cm sind. Wie gross ist das Potential in einem Punkte der Oberfläche der inneren Kugel, wenn das ganze System von der Erde isolirt ist?

Antwort: In Folge der Influenzwirkung müssen die drei Kugelflächen die Ladungen $+ Q$, $- Q$, $+ Q$ haben; das gesuchte Potential wird demnach den Werth haben

$$V = \frac{Q}{R_1} - \frac{Q}{R_2} + \frac{Q}{R_3} = (^1/_{10} - ^1/_{18} + ^1/_{22})\ 6 \cdot 10^{-8} \times 3 \cdot 10^9\ E.\ S.\ E.$$

$$= 16{,}18\ E.\ S.\ E. = 4855\ \text{Volt}.$$

41) Wie gross wird das Potential in voriger Aufgabe, wenn die Hohlkugel doppelte Wandstärke hat und die isolirende Zwischenschicht nur halbe Dicke hat?

Antwort: Da jetzt $Q = 6 \cdot 10^{-8}$ Coulomb; $R_1 = 10$ cm $R_2 = 14$ cm; $R_3 = 22$ cm, so wird $V = 4000$ Volts.

42) Wie gross wird das Potential, wenn die Hohlkugel mit der Erde in Verbindung ist?

Antwort: In diesem Falle ist $V = \dfrac{Q}{R_1} - \dfrac{Q}{R_2} + 0$; also $V = 2400$, bezüglich 1543 Volts.

43) Wie gross ist das Potential in einem Punkte der Innenfläche der Hohlkugel?

Antwort: Auf einen Punkt dieser Fläche wirkt die Ladung $+ Q$ der Kugel R_1, wie wenn diese im Mittelpunkt der Kugel wäre, also aus der Entfernung R_2. Die Ladung $- Q$ auf der Fläche mit dem Radius R_2 fügt zum Potential den Werth $\dfrac{- Q}{R_2}$ hinzu; die Ladung $+ Q$ auf der Fläche R_3 giebt $\dfrac{Q}{R_3}$, so dass das Potential den Werth erhält

$$V = \frac{Q}{R_2} - \frac{Q}{R_2} + \frac{Q}{R_3} = \frac{Q}{R_3} = \frac{3 \cdot 10^9 \times 6 \cdot 10^{-8}}{22}\ E.\ S.\ E. = 409\ \text{Volt}.$$

44) Wie gross ist das Potential auf der Aussenfläche der Hohlkugel?

Antwort: $V = \dfrac{Q}{R_3} - \dfrac{Q}{R_3} + \dfrac{Q}{R_3} = \dfrac{Q}{R_3} = 409$ Volt.

45) Eine Metallkugel von $r = 10\ cm$ Halbmesser liegt zu einer unendlich dünnen Kugelschale von $R = 12\ cm$ Radius concentrisch. Erstere hat eine Ladung von $+ Q = 6 . 10^{-8}$ Coulomb, letztere eine solche von $- Q' = 10 . 10^{-8}$ Coulomb. Wie gross sind die Potentialwerthe auf beiden Kugeln?

Antwort: Für die innere Kugel ist

$$V = \frac{Q}{r} - \frac{Q'}{R} = \left(\frac{6 . 10^{-8}}{10} - \frac{10 . 10^{-8}}{12} \right) . 3 . 10^9\ E.\ S.\ E. =$$

$$= - 7\ E.\ S.\ E. = - 7 \times 3 . 10^2\ \text{Volts} = - 2100\ \text{Volts}.$$

Für die äussere Kugel ist

$$V^1 = \frac{Q}{R} - \frac{Q'}{R} = - 3000\ \text{Volts}.$$

46) Wie gross ist das Potential in einem Punkte der kleineren Fläche, wenn $Q = Q' = 6 . 10^{-8}$ Coulomb? und wie gross ist deren Capacität.

Antwort: Mit Benutzung des Ergebnisses der vorigen Aufgabe erhält man für diesen besonderen Fall

$$V = Q \left\{ \frac{1}{r} - \frac{1}{R} \right\} = 3\ E.\ S.\ E. = 900\ \text{Volt}.$$

Die Capacität, — den Faktor des Potentials in der Gleichung $Q = C . V$, — erhält man aus $C = \dfrac{Q}{V} = \dfrac{R . r}{R - r} = 60\ cm$.

47) Wie gross ist das Potential im Mittelpunkt einer Kreislinie von $R\ cm$ Radius, auf welcher die elektrische Menge Q vertheilt ist?

Antwort: Bezeichnet q die Elektricitäts-Menge, welche auf einem Bogenelement liegt, so ist nach Definition

$$V = \sum \left(\frac{q}{R} \right) = \frac{1}{R} \sum (q) = \frac{Q}{R}.$$

48) Wie gross ist das Potential in einem Punkte der Kreislinie, deren Halbmesser $R\ cm$ lang ist?

Antwort: $V = \dfrac{Q}{R}$.

49) Auf eine Kreisfläche und von ihrem Mittelpunkt ausgehend ist eine Normale errichtet. Die Kreislinie hat eine Ladung von $Q\ E.\ S.\ E.$ und einen Halbmesser von $R\ cm$. Wie gross ist das

Potential in einem Punkt der Normalen, welcher um a cm vom Mittelpunkt absteht?

Antwort: Wenn q die auf ein Bogenelement entfallende Menge bezeichnet, und ϱ den Abstand derselben vom gegebenen Punkte, so ist nach Definition

$$V = \sum \left(\frac{q}{\varrho}\right) = \frac{1}{\varrho} \sum (q) = \frac{1}{\sqrt{R^2 + a^2}} \cdot Q.$$

50) Man verlangt den Werth des Potentials im Punkte A der Normalen, welcher um a cm vom Mittelpunkt eines Kreisringes absteht, wenn die concentrischen Kreise die Radien R_1 und R_2 haben, und wenn die Ladung Q gleichmässig auf der Scheibe vertheilt ist.

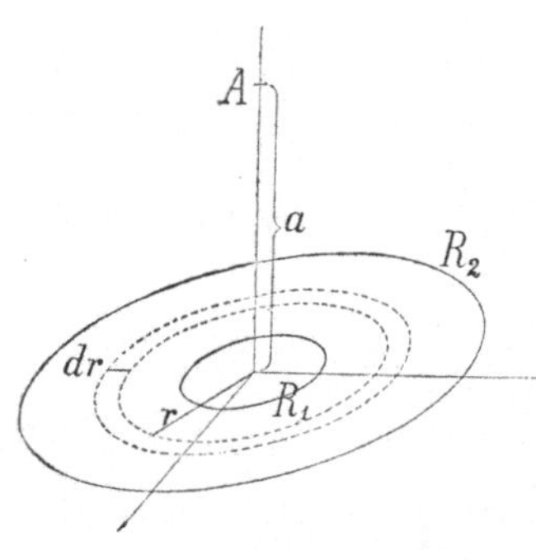

Antwort: Es sei e die Dicke der elektrischen Schicht, ferner sei δ die mittlere elektrische Dichte, und ϱ die Entfernung der elementaren Elektricitätsmenge vom Punkte A. Auf einem elementaren Kreisring vom Radius r und der Breite dr befindet sich dann die Elektricitätsmenge $dQ = 2\pi r \cdot dr \cdot e \cdot \delta$, so dass der Werth des von ihr erzeugten Potentials $dV = \dfrac{dQ}{\varrho}$ wird. Das gesuchte Potential aber hat den endlichen Werth

$$V = \int_{R_1}^{R_2} \frac{2\pi e\delta r\, dr}{\sqrt{a^2 + r^2}} = \pi e\delta \int_{R_1}^{R_2} \frac{dr^2}{\sqrt{a^2 + r^2}} = 2\pi e\delta \left| \sqrt{r^2 + a^2} \right|_{R_1}^{R_2}$$

$$= 2\pi e\delta \left\{ \sqrt{R_2{}^2 + a^2} - \sqrt{R_1{}^2 + a^2} \right\}$$

$$= \frac{2Q}{R_2{}^2 - R_1{}^2} \left\{ \sqrt{R_2{}^2 - a^2} - \sqrt{R_1{}^2 - a^2} \right\}$$

weil $2\pi (R_2{}^2 - R_1{}^2)\, e\delta = Q$ die gesammte Elektricitätsmenge darstellt.

51) Wie gross ist das Potential im Mittelpunkt eines kreisförmigen Ringes, dessen äusserste Halbmesser r und R sind, und auf dem die Menge Q gleichmässig vertheilt ist?

Antwort: Als besonderer Fall erhält man aus der vorigen Aufgabe

$$V = 2Q \frac{R_2 - R_1}{R_2{}^2 - R_1{}^2} = \frac{2Q}{R_2 + R_1}$$

Das Potential ist also dasselbe, wie wenn die ganze Ladung auf einer Kreislinie vom Radius $\dfrac{R_1 + R_2}{2}$ läge.

52) Eine Kreisfläche von R *cm* Radius hat eine Ladung von Q *E. S. E.* Ein Punkt befindet sich a *cm* vom Mittelpunkt auf der Normalen zur Fläche. Wie gross ist das Potential in diesem Punkte, wenn die elektrische Dichte auf der Fläche als constant angesehen wird?

Antwort: Als besonderer Fall der vorletzten Aufgabe ergiebt sich für $R_1 = 0$ und $R_2 = R$, dass

$$V = \frac{2Q}{R^2} \left\{ \sqrt{R^2 + a^2} - a \right\}.$$

53) Wie gross ist das Potential im Mittelpunkt eines Kreises, dessen Halbmesser R *cm* beträgt und dessen Ladung Q gleichförmig vertheilt ist?

Antwort: Aus der vorhergehenden Auflösung ergiebt sich für $a = 0$, dass

$$V = \frac{2Q}{R}.$$

Das Potential ist also dasselbe, wie wenn die ganze Ladung Q sich auf einer Kreislinie von $\dfrac{R}{2}$ *cm* Halbmesser befände.

54) Wie gross ist das Potential in irgend einem Punkte einer Kreisfläche?

Antwort: Dasselbe wie für den Mittelpunkt.

55) Wie gross ist das Potential in einem Punkt eines Kreises dessen Radius R und dessen Ladung Q, wenn dieser von einer unendlich grossen, kreisformig ausgeschnittenen und concentrisch liegenden Fläche vom Radius R^1 und der Ladung $- Q'$ umgeben ist?

Antwort: Das Potential besteht aus zwei Theilen; der erste rührt vom inneren Kreise her und beträgt $\dfrac{Q}{R}$; der zweite rührt von der unendlichen Fläche her und beträgt $-\dfrac{Q'}{R^1}$, so dass

$$V = \frac{Q}{R} - \frac{Q'}{R^1}.$$

In dem besonderen Fall, da $Q = Q'$ und von entgegengesetzten Vorzeichen ist, wird

$$V = Q \cdot \frac{R^1 - R}{R \cdot R^1}.$$

56) Eine cylindrische Fläche habe den Radius R, die Länge l und die Ladung Q. Wie gross ist das Potential in einem Punkt der Axe, wenn man voraussetzt, es sei l sehr gross im Vergleich zu R?

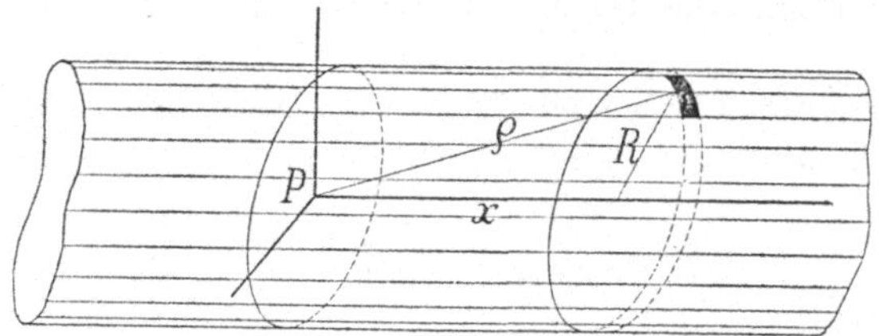

Antwort: Für einen sehr lang gestreckten Cylinder lässt sich zunächst annehmen, dass die Dichte überall dieselbe sei. Es sei P der Punkt, für welchen wir das Potential suchen, und die Cylinderaxe sei zugleich die X-Axe. Dann lässt sich die Elektricitätsmenge auf einem in der Entfernung x von P gelegenen Cylinderelement ausdrücken durch

$$dQ = \delta \cdot 2\pi R \cdot dx.$$

Das Potential dieses Elementes wird

$$dV = \frac{dQ}{\varrho} = \frac{\delta\, 2\pi R\, dx}{\sqrt{R^2 + x^2}}.$$

Durch Integration längs der Axe X von $x = -\dfrac{l}{2}$ bis $x = +\dfrac{l}{2}$ ergiebt sich das gesuchte Potential wie folgt

$$V = 2\pi R\,\delta \int_{-\frac{l}{2}}^{+\frac{l}{2}} \frac{dx}{\sqrt{x^2 + R^2}} = 2\pi R\,\delta \cdot 2 \left| \log\mathrm{nat}\,(x + \sqrt{x^2 + R^2}) \right|_{0}^{\frac{l}{2}}$$

$$= 4\pi R\,\delta\, \log\mathrm{nat}\, \frac{l + \sqrt{l^2 + 4R^2}}{2R} = 2\,\frac{Q}{l}\, \log\mathrm{nat}\, \frac{l + \sqrt{l^2 + 4R^2}}{2R}$$

oder, mit Anwendung der Voraussetzung, dass l sehr gross sei im Vergleich zu R

$$V = \frac{2Q}{l} \log \text{nat} \; \frac{l}{R}.$$

57) Ein Metallcylinder ist von einer unendlich grossen, cylindrisch ausgehöhlten, concentrisch zu ersterem liegenden Metallmasse umgeben. Die Radien sind r und R, die Ladungen Q und $- Q'$, die gemeinschaftliche Länge l. Wie gross ist das Potential in einem Punkte des inneren Cylinders?

Antwort: Die Ladungen Q und $- Q'$ befinden sich auf leitenden Massen, sie begeben sich daher an die Oberflächen dieser letzteren. Mit Benützung der vorigen Aufgabe wird demnach das Potential

$$V = \frac{2Q}{l} \log \text{nat} \; \frac{l}{r} - \frac{2Q'}{l} \log \text{nat} \; \frac{l}{R}.$$

Wenn insbesondere $Q = - Q'$ ist, so wird

$$V = \frac{2Q}{l} \log \text{nat} \; \frac{R}{r} = Q \; \frac{2 \log \text{com} \; \dfrac{R}{r}}{0{,}4343 \; l}.$$

Die elektrostatische Capacität dieses Systems ergiebt sich aus letzterem Werth und der Beziehung $Q = C \cdot V$ als

$$C = \frac{0{,}4343 \; l}{2 \log \text{com} \; \dfrac{R}{r}},$$

wenn Luft das zwischen beiden Körpern liegende Mittel ist.

Für ein anderes zwischenliegendes Mittel als Luft, für welches der specifische Induktionscoefficient mit k bezeichnet sei, wird

$$C = \frac{0{,}4343 \; kl}{2 \log \text{com} \; \dfrac{R}{r}}.$$

58) Ein Kabel mit Metallhülle liegt auf der Erde; seine Länge beträgt 120 Kilometer, die Seele hat 0,9 cm Durchmesser; die isolirende Hülle hat eine Dicke von $e = 0{,}6 \; cm$. Wenn die Seele mit 0,0625 Coulomb geladen wird, und die isolirende Hülle denselben specifischen Induktionscoefficienten hat wie Luft, wie gross ist dann das Potential in einem Punkte der Seele?

Antwort: Nach der Auflösung der vorigen Aufgabe ist für $r = 0{,}45$ *cm*; $R = 1{,}05$ *cm*; $l = 12\,000\,000$ *cm*; $Q = Q' = 0{,}0625$ Coulomb $= 1875 \cdot 10^5$ *E. S. E.*, dann

$$V = 1875 \cdot 10^5 \times \frac{2 \log \text{com} \dfrac{1{,}05}{0{,}45}}{0{,}4343 \times 12 \cdot 10^6} = 26{,}5 \text{ Volts.}$$

59) Zwei Conduktoren haben ungleiche Capacitäten C_1 und C_2 und auch ungleiche Ladungen Q_1 und Q_2. Indem man sie von einander entfernt hält, bringt man sie durch einen langen, dünnen Metalldrath in Verbindung. Welche Ladung nimmt dadurch jeder der Conduktoren an? und wie gross ist das resultirende Potential?

Antwort: Wenn man mit V das schliessliche, gemeinschaftliche Potential bezeichnet und mit Q_1' und Q_2' die gesuchten Ladungen, so muss, weil erstens die Capacitäten der Conduktoren sich nicht ändern konnten

$$Q_1' = C_1 V \quad \text{und} \quad Q_2' = C_2 V$$

sein; und es muss, weil zweitens die gesammte Elektricitätsmenge sich nicht geändert

$$Q_1' + Q_2' = Q_1 + Q_2$$

sein. Indem man aus den beiden ersten Gleichungen V eliminirt, und dann mit Hülfe der dritten Gleichung einmal Q_2' und einmal Q_1' eliminirt, bekommt man

$$Q_1' = \frac{C_1 \, (Q_1 + Q_2)}{C_1 + C_2} \quad \text{und} \quad Q_2' = \frac{C_2 \, (Q_1 + Q_2)}{C_1 + C_2}.$$

Mit diesen und einer der ersten Gleichungen wird dann

$$V = \frac{Q_1'}{C_1} = \frac{Q_1 + Q_2}{C_1 + C_2}.$$

60) Zwei Kugeln mit den Radien 5 *cm* und 8 *cm* sind beide vor ihrer Berührung mit $0{,}0039 \times 3 \cdot 10^9$ *E. S. E.* beladen. Wie gross ist die Ladung jeder derselben nach der Berührung?

Antwort: Da die Capacität einer Kugel ihrem Radius gleich ist, so ergiebt die Lösung der vorigen Aufgabe ohne weiteres

$$Q_1' = \frac{5 \times 0{,}0078 \times 3 \cdot 10^9}{5 + 8} = 0{,}003 \times 3 \cdot 10^9 \; \textit{E. S. E.}$$

$$Q_2' = 0{,}0048 \times 3 \cdot 10^9 \; \textit{E. S. E.}$$

61) Man giebt einer Kugel von 18 *cm* Durchmesser eine beliebige Ladung Q_1 und will davon 0,01 wegnehmen können. Wie gross muss der Radius der Kugel sein, welche durch blosse Berührung das Verlangte leistet?

Antwort: Die beiden Kugeln haben die ursprünglichen Ladungen $Q_1 = Q_1$ die erste, und $Q_2 = 0$ die zweite. Dieselben sollen nach der Berührung beziehungsweise die Ladungen $Q_1' = 0{,}99\ Q_1$ und $Q_2' = 0{,}01\ Q_1$ erhalten. Da ausserdem ihre bezüglichen Capacitäten $C_1 = 9$ und $C_2 = x$ sind, so giebt die Lösung der vorletzten Aufgabe

$$Q_2' = \frac{C_2\ (Q_1 + Q_2)}{C_1 + C_2}, \quad \text{also } 0{,}01\ Q_1 = \frac{x\ (Q_1 + 0)}{9 + x},$$

woraus

$$x = {}^1\!/_{11}\ cm.$$

Zweite Lösung: Da die Ladungen zweier Conduktoren, welche dasselbe Potential haben, sich wie ihre Capacitäten verhalten, so muss

$$0{,}99\ Q_1 : 0{,}01\ Q_1 = 9 : x,$$

also $x = {}^1\!/_{11}\ cm$ sein.

62) Zwei Kugeln von 2 *cm* und 9 *cm* Radius sind weit von einander entfernt, aber durch einen leitenden Drath in Verbindung. Das gemeinschaftliche Potential ist 50 *E. S. E.*, während vor der Verbindung die kleinere Kugel auf dem Potential ${}^{20}\!/_3$ *E. S. E.* war. Welche Ladung muss jede der Kugeln vor der Verbindung gehabt haben?

Antwort: Da allgemein $V = \dfrac{Q_1 + Q_2}{C_1 + C_2}$, sowie $Q_1 = C_1 \cdot V_1$ sein muss, so ergiebt sich durch Einsetzung der Zahlenwerthe

$$50 = \frac{Q_1 + Q_2}{2 + 9}, \quad \text{und} \quad Q_1 = 2 \cdot {}^{20}\!/_3 = 13{,}33\ \textit{E. S. E.}$$

Somit ist auch $\quad Q_2 = 536{,}66\ \textit{E. S. E.}$

63) Um die Capacität eines Conduktors zu bestimmen, hat man eine Kugel vom Halbmesser R mit dem Pol einer constanten Batterie von V_0 Volt in Berührung gebracht und darauf den Conduktor mit dieser Kugel berührt. Das Potential fiel dabei auf den Werth von V Volt. Wie ergiebt sich hieraus die Capacität des Conduktors?

Antwort: Durch Ladung mit der Batterie erhielt die Kugel die Elektricitätsmenge $Q_0 = C_0 \cdot V_0 = R \cdot V_0$. Nach der Verbindung mit dem Conduktor blieb ihr noch $Q_1 = RV$, so dass der Conduktor die Menge

$$Q_2 = Q_0 - Q_1 = R\,(V_0 - V)$$

erhielt.

Die Kugel und der Conduktor hatten nach der Berührung dasselbe Potential, daher muss $Q_2 = C_2 V$ geworden sein, woraus

$$C_2 = \frac{Q_2}{V} = \frac{R\,(V_0 - V)}{V}.$$

VII. Elektrisches Feld. — Kraftlinien.

64) Eine Metallkugel ist elektrisch geladen. Wie findet man die von einem bestimmten Punkt derselben ausgehende Kraftlinie?

Antwort: Da die Kraftlinien auf dem Flächenelement, beziehentlich auf dem Niveauflächenelement senkrecht stehen, so ist die Verlängerung des dem gegebenen Punkt entsprechenden Halbmessers die gesuchte Kraftlinie.

65) Auf eine Ellipse (Rotationsellipsoid) wurde eine gewisse Menge Elektricität gebracht und möchte man den Anfang der Kraftlinie zeichnen, welcher einem gegebenen Punkt der Oberfläche entspricht.

Antwort: Die Aufgabe wird gelöst von dem Linienelement, welches in jenem Punkt auf der Oberfläche senkrecht steht. Diese Senkrechte ist aber zugleich Halbirungslinie des Winkels, welche die beiden Leitstrahlen bilden, und als solche leicht zu finden.

66) In einem grossen Behälter befindet sich eine sehr leichtflüssige und nicht leitende Flüssigkeit. Mitten in ihr steht ein Metallcylinder von elliptischem Querschnitt, dessen Axe zur Flüssigkeitsoberfläche senkrecht steht. Dieser Cylinder bleibt immer positiv geladen. Wenn man nun die Oberfläche der Flüssigkeit mit sehr leichten, leitenden Körperchen bestreut, welche Curven werden dann diese Körperchen beschreiben, wenn dieselben vorher den Cylinder berührt hatten?

Antwort: Die gesuchten Linien werden Kraftlinien sein, und werden in ihrer Gesammtheit ein Büschel confocaler Hyperbeln bilden.

VIII. Elektrische Dichte.

67) Eine Metallkugel von 10 *cm* Radius ist mit $Q = 160$ *E. S. E.* geladen; wie gross ist die elektrische Dichte an der Oberfläche? und wie gross im Centrum?

Antwort: Nach Definition der Dichte ist diese

$$\delta = \frac{Q}{F} = \frac{160}{4\,\pi \cdot 10^2} = 0{,}12$$

für die Oberfläche. Sie ist Null im Mittelpunkt einer Metallkugel, weil alle Elektricität nach der Oberfläche geht.

68) Wie gross ist die elektrische Dichte an der Oberfläche einer Kugel von $R = 5$ *cm* Radius, wenn die Elektricität eine Spannung von 18850 Volt hat?

Antwort: Durch Umformung des Ausdruckes für die Dichte erhält man nach und nach

$$\delta = \frac{Q}{F} = \frac{C.V}{F} = \frac{R.V}{F} = \frac{R.V}{4\pi R^2} = \frac{V}{4\pi R} = \frac{18850}{4\pi 5 \times 3 \cdot 10^2}\,E.S.E. = 1.$$

69) Zwei Kugeln haben die Radien R_1 *cm* und R_2 *cm* und eine Gesammtladung von Q Coulomb. Wie gross ist die elektrische Dichte auf jeder derselben, wenn sie zur Berührung gebracht werden?

Antwort: Wenn Q_1 und Q_2 die Ladungen der einzelnen Kugeln sind, so muss Statt haben

$$Q_1 + Q_2 = Q; \quad Q_1 = R_1 V; \quad Q_2 = R_2 V,$$

wobei V das gemeinschaftliche Potential bezeichnet. Durch Elimination von V findet man aus denselben, dass

$$Q_1 = Q \cdot \frac{R_1}{R_1 + R_2} \quad \text{und} \quad Q_2 = \frac{R_2}{R_1 + R_2}.$$

Die gesuchten Dichten sind diesen Ladungen proportional und den Oberflächen verkehrt proportional, so dass also

$$\delta_1 = \frac{Q_1}{4\,\pi R_1{}^2} = \frac{Q}{4\pi R_1 (R_1 + R_2)}, \quad \text{und} \quad \delta_2 = \frac{Q_2}{4\,\pi R_2{}^2} = \frac{Q}{4\,\pi R_2 (R_1 + R_2)}.$$

70) In welchem Verhältniss stehen die elektrischen Dichten zweier Kugeln, deren Radien sich wie 1 : 20 verhalten, und welche zur Berührung gebracht werden?

Antwort: Nach der vorhergehenden Aufgabe muss sich ergeben, dass $\qquad \delta_1 : \delta_2 = 1 : 1{,}55.$

IX. Kugelcondensatoren.

71) Der Conduktor einer Reibungselektrisirmaschine, welche Elektricität von 100000 Volt Spannung erzeugt, ist durch einen dünnen Drath mit einer entfernt gelegenen, 2 *cm* Halbmesser haltenden Kugel verbunden. Diese Kugel ist concentrisch von einer zweiten umgeben, deren Halbmesser 4 *cm* beträgt. Wie gross ist die Capacität der kleinen Kugel, wenn sie Theil des Condensators ist, verglichen mit der Capacität derselben Kugel, wenn sie nicht Theil des Condensators ist und wenn sie im ersteren Fall eine Ladung von $Q = 0{,}000001$ Coulomb aufnehmen kann?

Antwort: Die Capacität der kleinen Kugel ohne Hülle ist ihrem Radius gleich, und beträgt demnach

$$C_1 = 2 \; cm = 2 \; E. \; S. \; E. = \frac{2}{9 \cdot 10^5} \; \text{Microfarad.}$$

Die Capacität derselben Kugel als Theil des Condensators ergiebt sich aus der Beziehung $Q = C_2 \cdot V$, und wird demnach

$$C_2 = \frac{1}{10^6} \; \text{Coulomb} \times \frac{1}{10^5 \, \text{Volt}} = \frac{3 \cdot 10^9}{10^6} \times \frac{3 \cdot 10^2}{10^5} \; E. \; S. \; E. = 9 \; E. \; S. \; E.$$

Das gesuchte Verhältniss beider Capacitäten ist somit $\dfrac{C_2}{C_1} = 4{,}5$.

72) Wie gross ist im Falle der vorhergehenden Aufgabe das Verhältniss der Elektricitätsmengen, welche nöthig sind, um beide Male dieselbe Kugel auf dasselbe Potential von 100000 Volt zu laden?

Antwort: Für die Kugel muss im einen Fall $Q_1 = C_1 V$ sein, und im anderen Fall $Q_2 = C_2 V$. Somit verhalten sich die nöthigen Elektricitätsmengen wie die Capacitäten, d. h.

$$\frac{Q_1}{Q_2} = \frac{C_1}{C_2} = \frac{2}{9}.$$

73) Zwei concentrische Kugeln haben bezüglich 5 *cm* und 6 *cm* grosse Radien; wie gross ist die elektrostatische Capacität derselben als Condensator? und wie gross ist die Capacität der kleinen Kugel für sich allein?

Antwort: Das Potential des Systems beider Kugeln ist

$$V = \frac{Q}{r} - \frac{Q}{R} = Q \cdot \frac{R - r}{rR}.$$

Da $Q = C \cdot V$ nach Definition, so ist die Capacität des Systems

$$C = \frac{R \cdot r}{R - r} = \frac{5 \cdot 6}{6 - 5} = 30 \; cm.$$

Die Capacität der kleinen Kugel ist ihrem Radius, also 5 cm gleich.

74) Man bestimme die condensirende Kraft, d. h. das Verhältniss der Capacitäten einer Kugelfläche von $R_1 = 10$ cm Radius, wenn sie einmal von einer $R_2 = 12$ cm Radius haltenden Kugelschale, und wenn sie ein ander Mal von einer unendlich grossen Kugelschale concentrisch umgeben ist?

Antwort: Die Capacität der inneren Fläche ist (nach der vorigen Aufgabe)

$$C = \frac{R_1 \cdot R_2}{R_2 - R_1}, \quad \text{oder} \quad C' = \frac{R_1}{1 - \frac{R_1}{\infty}} = R_1,$$

je nachdem R_2 endlich oder unendlich gross ist. Das gesuchte Verhältniss ist sonach

$$\frac{C}{C'} = \frac{R_2}{R_2 - R_1} = \frac{12}{12 - 10} = 6.$$

75) Wie gross muss die Dicke der isolirenden Luftschicht eines Kugelcondensators von $R_1 = 10$ cm Radius sein, damit die condensirende Kraft $n = 100$ sei?

Antwort: Nach der vorhergehenden Aufgabe muss

$$n = \frac{R_2}{R_2 - R_1}, \text{ und also } R_2 = \frac{n R_1}{n - 1} = {}^{1000}/_{99} \; cm = 10{,}10101 \; cm$$

sein. Die gesuchte Dicke aber wird

$$R_2 - R_1 = 10{,}10101 - 10 = 0{,}10101 \; cm.$$

76) Man bläst eine Glaskugel von 12 cm Durchmesser und gleichmässiger Glasdicke von 0,004 cm; auf beiden Seiten schlägt man hierauf eine Silberschicht nieder. Wie gross ist die Capacität dieses Condensators, wenn der specifische Induktionscoefficient für Glas $k = 2{,}4$ beträgt?

Antwort: Es wird

$$C = \frac{R_1 R_2}{R_2 - R_1} \, k = \frac{6 \cdot 6{,}004}{6{,}004 - 6} \cdot 2{,}4 = 21614{,}4 \; E. \; S. \; E. =$$

$$0{,}02401 \; \text{Microfarad}.$$

X. Cylindercondensatoren.

77) Aus einem 200 *cm* langen Glasrohr, dessen innere Weite 2 *cm* und dessen äusserer Durchmesser 2,3 *cm* beträgt, wurde ein Cylindercondensator hergestellt, indem dasselbe innerlich mit Wasser gefüllt und äusserlich mit Zinn belegt wurde. Wie gross wurde seine Capacität, wenn das Glas den specifischen Induktionscoefficienten $k = 3,2$ hat?

Antwort: Die früher entwickelte Formel für das Potential des Kabels ergiebt jetzt durch Umformung auf die Form $Q = C \cdot V$ für die Capacität

$$C = \frac{0,4343 \cdot k \cdot l}{2 \log \operatorname{com} \dfrac{R}{r}} = \frac{0,4343 \times 3,2 \times 200}{2 \log \operatorname{com} \dfrac{2,3}{2}} \ E. \ S. \ E. =$$

$$= 2289,8 \ E. \ S. \ E. = 0,00254 \ \text{Microfarad.}$$

78) Ein Kabel mit Bleihülle, System Berthoud, Borel & Cie, welches für Läuteinrichtungen bestimmt ist, hat 1200 *cm* Länge, eine Kupferseele von 0,1 *cm* Durchmesser und eine isolirende Schicht von 0,1 *cm* Dicke. Wie gross ist seine Capacität, wenn die isolirende Schicht einen specifischen Induktionscoefficienten von $k = 1,88$ hat?

Antwort: $C = 1026,8 \ E. \ S. \ E. = 0,00114 \ \text{Microfarad.}$

79) Das Kabel, welches für die von M. Depretz zwischen Paris und Creil ausgeführten Kraftübertragungen gedient hat, hatte eine Bleischutzhülle, eine Kupferseele von 0,5 *cm* Durchmesser, 112 Kilometer Länge, eine isolirende Schicht von 0,4 *cm* Dicke und einen specifischen Induktionscoefficienten von $k = 1,88$. Wie gross war seine Capacität?

Antwort: $C = 1,423 \cdot 10^7 \ E. \ S. \ E. = 15,8 \ \text{Microfarad.}$

80) Eine Leydner Flasche mittlerer Grösse hat eine Belegung von 384 *cm²* Fläche und ihr Glas hat $d = 0,1$ *cm* Dicke. Wie gross kann ihre Ladung werden, wenn sie mit einer Maschine von 20000 Volts Spannung geladen wird und wenn das Glas einen specifischen Induktionscoefficienten von $k = 3,24$ hat?

Antwort: Die gesuchte Ladung ergiebt sich nach der Formel

$$Q = \frac{kF \cdot V}{4\pi d} = \frac{3,24 \cdot 384}{4\pi \cdot 0,1} \cdot \frac{20\,000}{3 \cdot 10^2} \ E. \ S. \ E. = 65\,978 \ E. \ S. \ E. =$$

$$0,000022 \ \text{Coulomb.}$$

81) Eine Batterie von 6 gleichen Leydner Flaschen, von denen jede 450 cm^2 Fläche, 0,2 cm dickes Glas und einen specifischen Induktionscoefficienten von $k = 3$ hat, wird mit einer Maschine geladen, deren Potential $V = 300$ *E. S. E.* Wie gross kann die Ladung werden? und wie gross ist die Capacität der Batterie? (Blavier).

Antwort: Die Capacität ergiebt sich zunächst, und zwar aus der Beziehung

$$C = \frac{kF}{4\pi d} = \frac{3 \cdot 450 \cdot 6}{4\pi \cdot 0,2} = 3223 \; E. \; S. \; E.$$

Aus dieser ergiebt sich dann die Ladung durch Multiplikation mit dem Potential als zu

$$Q = C \cdot V = 3223 \cdot 300 = 966900 \; E. \; S. \; E. = 0,0001076 \; \text{Coulomb}.$$

82) Ein Kabel nach dem System Berthoud, Borel & Cie, dessen Kupferseele 0,5 cm dick, dessen isolirende Zwischenschicht aus mit Paraffin und Harz getränkter Baumwolle besteht und 0,15 cm dick ist, und welches durch eine Bleihülle geschützt ist, wurde auf eine Potentialdifferenz von 8000 Volt geprüft. Welche Ladung nahm ein Kilometer dieses Kabels auf, wenn der specifische Induktionscoefficient der isolirenden Masse $k = 1,88$ ist?

Antwort: Unter Anwendung der allgemeinen Formel für Condensatoren wird

$$Q = \frac{kF \cdot V}{4\pi \cdot d} = \frac{1,88 \times 0,5\pi \cdot 100000}{4\pi \cdot 0,15} \times \frac{8000}{3 \cdot 10^2} \; E. \; S. \; E. =$$
$$= 4,18 \cdot 10^6 \; E. \; S. \; E.$$

Wenn man die Elektricitätsmenge als Produkt aus Capacität und Potential berechnet, und für die Capacität die Formel für sehr lang gestreckte Condensatoren anwendet, so wird

$$Q = C \cdot V = \frac{0,4343 \cdot 1,88 \cdot 100000}{2 \log com \dfrac{0,40}{0,25}} \cdot \frac{8000}{3 \cdot 10^2} \; E. \; S. \; E. =$$
$$= 5,33 \cdot 10^6 \; E. \; S. \; E. = 1,77 \cdot 10^{-3} \; \text{Coulomb}.$$

83) Ein Kabel, dessen Seele 0,35 cm Durchmesser und dessen isolirende Hülle 0,70 cm Durchmesser hat, besitzt eine kilometrische Capacität von 0,164 Microfarad. Wie gross ergiebt sich daraus der specifische Induktionscoefficient der isolirenden Masse?

Antwort: Indem man die Capacität des Kabels durch die bekannte Formel ausdrückt und derjenigen der Aufgabe gleichsetzt, erhält man die Beziehung

$$C = \frac{0{,}4343 \cdot k \cdot 10^5}{2 \log com \frac{0{,}70}{0{,}35}}\ E.\ S.\ E. = 0{,}164\ \text{Microfarad} =$$

$$= 0{,}164 \times 9 \cdot 10^5\ E.\ S.\ E.$$

und hieraus durch Auflösung nach der Unbekannten k

$$k = 2{,}047.$$

84) Das Kabel zwischen Aden und Bombay (vom Jahre 1870) hat eine Länge von 2923,7 Kilometer, eine Kupferseele von 2,87 *mm*, eine isolirende Hülle von 9,1 *mm* Durchmesser und einen specifischen Induktionscoefficienten von 3,6. Wie gross wird die enthaltene Ladung, wenn man den Kupferdrath mit dem einen Pol einer Batterie von 100 Daniell'schen Elementen verbindet?

Antwort: Mit Benutzung der Kabelformel wird:

$$Q = \frac{3{,}6 \times 0{,}4343 \times 29237 \cdot 10^4}{2 \log com \frac{9{,}1}{2{,}87}} \times \frac{100}{3 \cdot 10^2}\ E.\ S.\ E. =$$

$$= 574 \cdot 10^6\ E.\ S.\ E. = 0{,}191\ \text{Coulomb.}$$

85) Das zwischen Paris und Creil gelegte Kabel (siehe Aufgabe 79) hielt eine Potentialdifferenz von 6000 Volt aus. Wie viel Elektricität enthielt es?

Antwort: Nach $Q = C \cdot V$, und mit Benutzung des Ergebnisses der Aufgabe 78 wird

$$Q = 15{,}8\ \text{Microfarad} \times 6000\ \text{Volt} = 0{,}0948\ \text{Coulomb.}$$

86) Ein unterseeisches Kabel mit Guttapercha-Hülle kann als cylindrischer Condensator angesehen werden, dessen äussere Belegung durch das Wasser gebildet wird. Wie gross ist die Capacität eines Kilometers eines solchen Kabels, wenn dessen Seele 0,25 *cm* Radius, und wenn die Hülle eine Dicke von 0,25 *cm* und einen specifischen Induktionscoefficienten von $k = 4{,}2$ hat?

Antwort: $C = 302971\ E.\ S.\ E. = 0{,}3366\ \text{Microfarad.}$

87) Welche Elektricitätsmenge befindet sich in einem solchen Kabel von 3000 Kilometer Länge (atlantisches Kabel vom Jahre 1866), wenn man mit einer Batterie von 150 Daniell'schen Elementen zu telegraphiren versucht?

Antwort: Es ist

$$Q = C.V = 302\,971 \times 3000 \times \frac{150}{3 \cdot 10^2} \; E.\,S.\,E. = 0{,}15148 \text{ Coulomb.}$$

88) Wie gross ist die Capacität eines Cylindercondensators, dessen Radien R und r, und dessen Länge l ist, wenn seine äussere Belegung mit dem Boden in Verbindung steht?

Antwort: In Aufgabe 57 wurde für solche Conduktoren eine Beziehung zwischen V, Q und C gefunden, und ihr zu Folge ist

$$C = \frac{Q}{V} = \frac{0{,}4343 \cdot k \cdot l}{2 \log \text{com} \; \dfrac{R.}{r}}$$

89) Zwei conaxiale cylindrische Flächen sind in geringer Entfernung von einander und durch eine Luftschicht getrennt. Dieselben enthalten so gelegen eine Ladung von 0,48 Coulomb. Wie gross kann ihre Ladung werden, wenn sie durch Guttapercha von einander getrennt werden?

Antwort: Nach dem Begriff des specifischen Induktionscoefficienten und da dieser für Guttapercha $k = 4{,}2$ ist, und da auch die Capacität der Elektricitätsmenge proportional ist, so wird die unter sonst gleichen Verhältnissen grösst mögliche Ladung betragen

$$Q = 4{,}2 \cdot 0{,}48 \text{ Coulomb} = 2{,}018 \text{ Coulomb.}$$

90) Die isolirende Hülle eines Kabels hat d und D bezüglich als innere und äussere Durchmesser. Man will nun die Dicke d der Seele beibehalten und die Capacität des Kabels auf die Hälfte herabsetzen durch passende Aenderung der Dicke der isolirenden Schicht. Wie viel muss diese betragen?

Antwort: Wenn k die specifische Induktionsfähigkeit der isolirenden Masse bezeichnet, so sind die Ausdrücke für die alte und für die neue Capacität bezüglich

$$C = \frac{k}{2 \log \text{nat} \; \dfrac{D}{d}}, \quad \text{und} \quad C' = \frac{k}{2 \log \text{nat} \; \dfrac{x}{d}}.$$

Da nach der Aufgabe letztere die Hälfte der ersteren betragen soll, so ergiebt sich die Gleichung

$$\frac{k}{2 \log \text{nat} \frac{x}{d}} = \frac{1}{2} \cdot \frac{k}{2 \log \text{nat} \frac{D}{d}},$$

woraus

$$x = \frac{D^2}{d}.$$

91) Wie gross muss der Durchmesser der Kabelseele gewählt werden, wenn man den Durchmesser der isolirenden Hülle beibehalten will, und die Capacität des Kabels auf den dritten Theil gebracht werden soll?

Antwort: Aus der Gleichung

$$\frac{k}{2 \log \text{nat} \frac{D}{y}} = \frac{1}{3} \frac{k}{2 \log \text{nat} \frac{D}{d}}$$

ergiebt sich

$$y = \frac{d^3}{D^2}.$$

92) Ein Kabel aus Guttapercha hat eine Seele von 3 *mm* Durchmesser. Wie gross muss der äussere Durchmesser der Hülle sein, damit seine kilometrische Capacität 15 . 10^5 *E. S. E.* betrage.

Antwort: Da

$$\frac{4,2 \cdot 0,4343 \cdot 10^5}{2 \log \text{com} \frac{x}{3}} = 15 \cdot 10^5$$

werden muss, so folgt für

$$x = 3,450 \ mm.$$

93) Wie gross muss der Durchmesser werden, wenn die Capacität nur die Hälfte betragen soll von derjenigen in voriger Aufgabe?

Antwort: Unter Anwendung des Ergebnisses in Aufgabe 89 wird

$$x = \frac{3,45^2}{3} = 3,967 \ mm.$$

XI. Plattencondensatoren.

94) Wenn man die Capacität eines Plattencondensators als durch die Formel $C = \frac{k \, F}{4 \, \pi \, d}$ gegeben annimmt, wie gross muss dann die Fläche eines solchen Condensators werden, damit die Capacität

2 Microfarad betrage, wenn man noch den Induktionscoefficienten zu $k = 2{,}4$ und die Dicke der isolirenden Schicht zu $d = 0{,}05$ *cm* annimmt?

Antwort: Durch Umkehrung der angegebenen Formel wird

$$F = \frac{4\,\pi \times 0{,}05 \times 2 \cdot 9 \cdot 10^5}{2{,}4} = 471\,240 \ cm^2 = 47{,}124 \ m^2.$$

95) Wie gross ist die Capacität einer Franklin'schen Tafel, deren Zinnbelegung 25 *cm* lang und 16 *cm* breit, und für deren Glas $k = 3{,}2$ und $d = 0{,}1$ *cm* ist?

Antwort: Nach derselben Formel wird

$$C = \frac{3{,}2 \cdot 400}{4\,\pi \cdot 0{,}1} = 1032 \ E. \ S. \ E. = 0{,}00115 \ \text{Microfarad}.$$

96) Die Metallscheibe eines Elektrophors hat 20 *cm* Durchmesser, und ist dieselbe im Mittel um 0,02 *cm* von der Hartgummischeibe entfernt. Wie gross ist seine elektrische Capacität?

Antwort: $C = 1250 \ E. \ S. \ E. = 0{,}0014$ Microfarad.

97) Ein Plattencondensator von 2,5 Microfarad Capacität wurde mit einer Batterie von 300 Volt Spannung geladen. Welche Ladung nahm er auf?

Antwort: Nach der Beziehung $Q = C \cdot V$ ergiebt sich

$$Q = 2{,}5 \cdot 9 \cdot 10^5 \times \frac{300}{3 \cdot 10^2} \ E. \ S. \ E. = 22{,}5 \cdot 10^5 \ E. \ S. \ E. =$$
$$= 0{,}00075 \ \text{Coulomb}.$$

98) Eine Franklin'sche Tafel von $2 \ E. \ S. \ E.$ Capacität wurde mit einer Holtz'schen Maschine geladen, deren Spannung auf 30000 Volt stieg. Welche Elektricitätsmenge erhielt sie?

Antwort: $Q = 200 \ E. \ S. \ E..$

99) Man verfügt über vier Plattencondensatoren $A, \ B, \ C, \ D,$ von denen $A, \ B$ und D Glas als Nichtleiter haben, während die isolirende Schicht von C durch Guttapercha gebildet wird. Es ist D doppelt so hoch und doppelt so breit als die anderen, während B nur halb so dickes Glas hat als die anderen. Wie gross sind die Capacitäten der einzelnen Condensatoren? (Schöntjes).

Antwort: Bezeichnet F die Capacität des Condensators A, so muss diejenige von B doppelt so gross, also $= 2 \ F$ sein, weil die Fläche zwar dieselbe, aber das Dielektricum nur die halbe Dicke hat. — Die Capacitäten von C und A verhalten sich wie die specifischen Induktionscoefficienten von Guttapercha und Glas, also wie 4,2 : 1,90. Die Capacität von C beträgt also 4,4 F. — Da endlich D eine viermal grössere Fläche hat als A, so ist seine Capacität in demselben Verhältniss grösser, also gleich 4 F.

XII. Vertheilung der Elektricität auf Leitern.

100) Zwei unendlich ausgedehnte parallele leitende Ebenen befinden sich in der Entfernung a und haben die Potentiale V_1 und V_2. Man verlangt 1) das Potential V in einem Punkte zwischen den beiden Ebenen, der um x von der Ebene mit dem Potential V_1 entfernt ist; 2) die Oberflächendichten δ_1 und δ_2 auf den beiden Ebenen; 3) die Ladung q_1 einer Fläche F, welche in der mittleren Region der Ebene mit dem Potential V_1 liegt.

Antwort: Es giebt J. C. Maxwell in seinem „Treatise on electricity and magnetisme" Vol. I, second edition, p. 172 folgende Lösungen:

$$V = V_1 + (V_2 - V_1)\,\frac{x}{a}; \quad \delta_1 = \frac{V_1 - V_2}{4\,\pi\,a}; \quad \delta_2 = \frac{V_2 - V_1}{4\,\pi\,a};$$

und, je nachdem die beiden Ebenen durch Luft oder durch ein Mittel, dessen specifischer Induktionscoefficient k ist, getrennt sind

$$q_1 = \frac{1}{4\,\pi} \cdot \frac{F}{a}\,(V_1 - V_2); \quad \text{bezüglich } q_1 = \frac{k\,F}{4\,\pi\,a}\,(V_1 - V_2).$$

101) Zwei concentrische Kugelflächen mit den Radien R_1 und R_2 (wo $R_1 < R_2$) werden auf den Potentialwerthen V_1 und V_2 erhalten. Wie gross ist 1) das Potential V in einem Punkte, der r *cm* vom Centrum entfernt ist? — 2) die resultirende Kraft R, welche auf die Einheit der Elektricität in diesem Punkte wirkt? — 3) die Oberflächendichten δ_1 und δ_2? — 4) die Gesammtladungen Q_1 und Q_2? — 5) die Capacität der inneren Kugel?

Antwort: An dem oben citirten Ort p. 174 ist nachgewiesen, dass

$$V = \frac{V_1 R_1 - V_2 R_2}{R_1 - R_2} + \frac{(V_1 - V_2)\,R_1 R_2}{r\,(R_2 - R_1)}; \quad R = \frac{(V_1 - V_2)\,R_1 R_2}{r^2\,(R_2 - R_1)};$$

$$\delta_1 = \frac{1}{4\,\pi\,R_1{}^2} \cdot \frac{(V_1 - V_2)\,R_1 R_2}{R_2 - R_1}; \quad \delta_2 = \frac{1}{4\,\pi\,R_2{}^2} \cdot \frac{(V_2 - V_1)\,R_1 R_2}{R_2 - R_1};$$

$$Q_1 = 4\,\pi\,R^2\,\delta_1 = \frac{(V_1 - V_2)\,R_1 R_2}{R_2 - R_1} = -\,Q_2;$$

$$C_1 = \frac{R_1 R_2}{R_2 - R_1}.$$

102) Ein Vollcylinder vom Halbmesser R_1 liegt conaxial zu einem Hohlcylinder, dessen innerer Radius R_2 ist. Die Cylinder haben bezüglich die Potentialwerthe V_1 und V_2. Wie gross ist dann 1) das Potential V in einem Punkte, der um r von der Axe entfernt ist; — 2) die Dichten δ_1 und δ_2 auf den beiden Flächen; — 3) die auf die Länge l entfallenden Ladungen Q_1 und Q_2; — 4) die Capacität, wenn der Zwischenraum durch einen Körper ausgefüllt ist, dessen specifischer Induktionscoefficient k ist?

Antwort: Nach demselben Werke p. 176 ist

$$V = \frac{V_1 \log \dfrac{R_2}{r} + V_2 \log \dfrac{r}{R_1}}{\log \dfrac{R_2}{R_1}}; \quad \delta_1 = \frac{V_1 - V_2}{4\,\pi\,R_1 \log \dfrac{R_2}{R_1}}; \quad \delta_2 = \frac{V_2 - V_1}{4\,\pi\,R_2 \log \dfrac{R_2}{R_1}};$$

$$Q_1 = 2\,\pi\,R_1\,l\,\delta_1 = \frac{l}{2}\,\frac{V_1 - V_2}{\log \dfrac{R_2}{R_1}} = -\,Q_2; \quad C = \frac{l\,k}{2 \log \dfrac{R_2}{R_1}}.$$

XIII. Die Kraft der Elektricität.

103) Eine Kreislinie von R *cm* Halbmesser ist mit Q *E. S. E.* geladen. Mit welcher Kraft wirkt die Elektricität 1) in der Richtung eines Radius? — 2) in der Richtung der Tangente an den Kreis im betrachteten Punkt?

Antwort: Wenn man mit N die Normale zum Linien- oder Flächenelement bezeichnet, welches mit Elektricität beladen und in Betracht gezogen wird, so wird allgemein nachgewiesen, dass die Ableitung des Potentialwerthes nach dieser Richtung der Grösse der Kraft gleich, aber von entgegengesetztem Vorzeichen ist. Da das Potential in einem Punkte der Kreislinie als Quotient der Ladung durch den Radius erhalten wird, so ergiebt sich für die Kraft

$$F = -\frac{dV}{dN} = -\frac{d\left(\frac{Q}{R}\right)}{dN} = -\frac{d\left(\frac{Q}{R}\right)}{dR} = +\frac{Q}{R^2},$$

welche in der Richtung des Radius wirksam ist. — Von dieser Kraft entfällt in der Richtung der Tangente die Componente

$$F' = F \cdot \cos 90^0 = \frac{Q}{R^2} \cdot \cos 90^0 = 0.$$

104) Wenn eine Kreisfläche vom Radius R mit Q *E. S. E.* geladen ist, und in einem vom Mittelpunkt um a *cm* senkrecht zur Fläche entfernten Punkt sich die Einheit der Elektricitätsmenge befindet, so hat das Potential für diesen Punkt den Werth

$$V = \frac{2Q}{R}\left\{\sqrt{R^2 + a^2} - a\right\}.$$

Mit welcher Kraft wirkt dann die Ladung Q auf den betrachteten Punkt?

Antwort: Durch Differentiation von V nach der Normalen a wird

$$F = -\frac{2Q}{R^2}\left\{\frac{a}{\sqrt{R^2 + a^2}} - 1\right\}.$$

105) Welche Kraft wirkt auf die *E. S. E.* der Menge, welche auf der Metallhülle eines Kabels liegt, wenn dieses die Radien R und r, die Länge l und eine Ladung von Q *E. S. E.* hat?

Antwort: In einem Punkte der Kabelhülle hat das Potential den Werth

$$V = \frac{2\log\,\mathrm{nat}\,\dfrac{R}{r}}{l} \cdot Q.$$

Die Differentiation dieses Werthes nach R und nach r ergiebt

$$F = \frac{2Q}{l}\left\{\frac{1}{R} - \frac{1}{r}\right\} = \frac{Q\,(R - r)}{2\,l\,r\,R}.$$

106) Zwei elektrochemische Aequivalentenmengen sind 500 *m* von einander entfernt; mit welcher Kraft ziehen sich dieselben an?

Antwort: Ein elektrochemisches Aequivalent ist diejenige Anzahl Coulomb, durch welche z. B. 1 *gr* Wasserstoff frei gemacht wird. Diese Zahl ist 96000 Coulomb $= 96000 \cdot 3 \cdot 10^9$ *E. S. E.* —

Nach dem Coulomb'schen Gesetz ziehen sich diese Mengen mit der Kraft an

$$F = \left(\frac{288\,000 \cdot 10^9}{50\,000}\right)^2 = 3318 \cdot 10^{16}\ \mathrm{Dyn} = 338 \cdot 10^{11}\ kgr.$$

107) Die elektrische Dichte auf einer Kugel (oder irgendwie geformten Leiter) ist $\delta = 0,26$. Mit welcher Kraft strebt die auf 1 cm^2 gelegene Elektricität von der Fläche abzugehen?

Antwort: Nach dem Poisson'schen Gesetz (Maxwell I, p. 90) ist die Kraft $R = 4\,\pi\,\delta = 4\,\pi \cdot 0,26 = 3,2672$ Dyn $= 3,2672 \cdot 0,0010198\ gr = 0,003332\ gr.$

108) In einer Geissler'schen Röhre hat man dem inneren Theil der Platinelektroden Kugelform gegeben. Der drathförmige Theil ist sorgfältig isolirt; die Kugel hat 0,6 cm Durchmesser. Die Entladungen werden mit einer Influenzmaschine hervorgebracht, welche 21 600 Volt Potentialdifferenz giebt. Wie sehr muss die Röhre luftleer gemacht werden, damit die als vollkommener Isolator vorausgesetzte Luft durch ihren Druck die Entladung nicht mehr zu hindern vermag?

Antwort: Die Kraft, mit welcher die Elektricität von jedem cm^2 abzugehen strebt, ergiebt sich nach dem Poisson'schen Gesetz zu

$$R = 4\,\pi\,\delta = 4\,\pi\ \frac{21\,600}{4\,\pi\ 0,3} \cdot \frac{1}{3 \cdot 10^2}\ E.\ S.\ E. = 240\ \mathrm{Dyn}.$$

Andererseits übt bekanntlich die Luft unter 45^0 Breite einen Druck von 1033,3 Gramm-Masse, d. i. $1,0133 \cdot 10^6$ Dyn auf jeden cm^2 aus. Wenn die gesuchte Spannkraft der Luft noch x cm beträgt, so üben diese einen Druck aus von $1,0133 \cdot 10^6 \times \dfrac{x}{76}$ Dyn. Diese beiden Kräfte müssen sich das Gleichgewicht halten, und somit

$$240\ \mathrm{Dyn} = 1,0133 \cdot 10^6 \times \frac{x}{76}\ \mathrm{Dyn}$$

sein, oder $x = 0,180006\ cm.$

109) Angenommen, man lade den in Aufgabe 77 beschriebenen Kugelcondensator mit einer Maschine, welche 18 000 Volt Spannung giebt. Mit welcher Kraft auf den cm^2 strebt dann die Elektricität das Glas zu durchbrechen?

Antwort: Mit Benutzung des Ergebnisses in jener Aufgabe wird jetzt

$$R = 4\,\pi\,\delta = 4\,\pi\,\frac{Q}{S} = 4\,\pi\,\frac{C\,.\,V}{S} = 4\,\pi\,\frac{9006\,.\,2{,}4}{4\,.\,6^2\,.\,\pi}\,.\,\frac{18000}{3\,.\,10^2}\ \text{Dyn}$$

$$= 36024\ \text{Dyn} = 33{,}72\ gr.$$

110) Wie gross ist die elektrische Energie, welche der Condensator der vorigen Aufgabe enthält? und welche Wärmemenge kann die aufgespeicherte Elektricitätsmenge erzeugen?

Antwort: Der allgemeine Ausdruck für die elektrische Energie ist

$$W = {}^1\!/_2\ \Sigma\ (Q_i\,.\,V_i),$$

(siehe Maxwell I, pag. 97); darnach erhält man im vorliegenden Beispiel

$$W = \frac{1}{2}\,Q\,.\,V = \frac{1}{2}\,C\,.\,V\,.\,V = \frac{1}{2}\,CV^2 = \frac{1}{2}\,.\,9006\,.\,\left(\frac{18000}{3\,.\,10^2}\right)^2 =$$

$$= 16{,}2\,.\,10^6\ \text{Erg} = 0{,}165\ mkgr.$$

Um die entsprechende Wärmemenge zu finden, muss man sich erinnern, dass $1\ \text{Erg} = \dfrac{24}{10^9}$ Cal. gr; somit wird die gesammte elektrische Energie eine Wärmemenge erzeugen können von

$$16{,}2\,.\,10^6\ \times\ \frac{24}{10^9}\ \text{Cal.}\ gr = 0{,}389\ \text{Cal.}\ gr.$$

111) Die beiden Belegungen (Wasser und Zinn) des Cylindercondensators in Aufgabe 76 werden mit den Polen einer Wilmshurst'schen Inductionsmaschine verbunden, welche 30000 Volt Potentialdifferenz erzielt. Wie gross wird die elektrische Dichte auf dem Condensator?

$$\textit{Antwort:}\ \ \delta = \frac{Q}{S} = \frac{C\,.\,V}{S} = \frac{2289{,}8}{2\,\pi\,.\,1\,.\,200}\,.\,\frac{30000}{3\,.\,10^2}\ \textit{E. S. E.}$$

$$= 183\ [\text{em}^{-1/2}\ gr\ \sec^{-1}].$$

112) Mit welcher Kraft wird die auf 1 cm^2 des Condensators voriger Aufgabe entfallende Elektricitätsmenge von der Fläche weggestossen?

$$\textit{Antwort:}\ \ R = 4\,\pi\,\delta = 4\,\pi\,183 = 2290\ \text{Dyn} = 2{,}33\ gr.$$

113) Wie gross ist die elektrische Dichte an der Oberfläche der Kabelseele beim transatlantischen Kabel (Aufgabe 87)? und wie gross ist die Kraft, welche senkrecht zur Oberfläche des Kabels gegen die isolirende Hülle hinwirkt?

Antwort: $\delta = \dfrac{C \cdot V}{S} = \dfrac{302\,971}{2 \cdot 0{,}25 \cdot \pi \cdot 10^5} \cdot \dfrac{150}{3 \cdot 10^2} = 0{,}96;$

$R = 4\,\pi\,\delta = 12{,}12 \text{ Dyn} = 0{,}012 \; gr$ auf jedes cm^2.

114) Wie gross war die elektrische Dicht, die angehäufte elektrische Energie, und die auf jeden cm^2 entfallende, senkrecht zur Fläche wirkende Kraft beim Kabel Paris-Creil (Aufgabe 84)?

Antwort: $\delta = \dfrac{Q}{S} = \dfrac{2844 \cdot 10^5}{0{,}5\,\pi \cdot 112 \cdot 10^5} = 16{,}1;$

$$W = \frac{1}{2}\,Q \cdot V = \frac{1}{2} \cdot 2844 \cdot 10^5 \times \frac{6000}{3 \cdot 10^2} = 2844 \cdot 10^6 \; E.\ S.\ E.;$$

$R = 4\,\pi\,\delta = 4\,\pi \cdot 16{,}1 \text{ Dyn} = 202{,}2 \text{ Dyn} = 0{,}203 \; gr.$

115) Eine cylindrische Fläche von $R\ cm$ Radius und $l\ cm$ Länge erhielt eine Ladung von $Q\ E.\ S.\ E.$ Mit welcher Kraft wird die Einheit der Elektricitätsmenge in der Richtung der Axe getrieben?

Antwort: Die Kraft kann in jedem Falle dem Differentialquotienten des Potentials nach der Kraftrichtung gleichgesetzt werden. Nach Aufgabe 56 ist aber das Potential einer cylindrischen Fläche in Bezug auf einen Punkt ihrer Axe gegeben durch

$$V = \frac{2\,Q}{l} \log \operatorname{nat} \frac{l}{R}.$$

Demnach wird

$$R = \frac{dV}{dl} = \frac{2\,Q}{l^2} \left\{ 1 - \log \operatorname{nat} \frac{l}{R} \right\}.$$

116) Wie gross ist die in der Richtung der Axe wirkende Kraft in dem Falle, da die cylindrische Fläche die innere Belegung eines Condensators ist?

Antwort: In diesem Fall wird das Potential ausgedrückt durch (Aufgabe 57)

$$V = \frac{2\,Q}{k\,l} \log \operatorname{nat} \frac{R}{r},$$

und somit

$$R = \frac{dV}{dl} = -\frac{2\,Q}{k\,l^2} \log \operatorname{nat} \frac{R}{r},$$

117) Eine Kugel von $r\ cm$ Radius hat eine Ladung von $Q\ E.\ S.\ E.$ erhalten. In welchen Punkten ist das Potential und für welche Punkte ist die anziehende Kraft ein Maximum?

Antwort: Für einen um d *cm* vom Centrum der Kugel gelegenen Punkt ist der allgemeine Ausdruck für das Potential gegeben durch

$$V = 2\,\pi\,\delta\,R^2 - \frac{2}{3}\,\pi\,\delta\,d^2.$$

Setzt man dessen Differentialquotienten nach d der Null gleich, und löst nach d auf, so wird $d = 0$, und der entsprechende Potentialwerth somit $V_m = 2\,\pi\,\delta\,r^2$.

Der allgemeine Ausdruck für die anziehende Kraft ist

$$R = \frac{4}{3}\,\pi\,\delta\,d,$$

und dieser erhält seinen Maximalwerth für $d = r$, als $R = \frac{4}{3}\,\pi\,\delta\,r$.

118) Eine Kugelfläche, deren Radius 4 *cm*, wurde mit 0,0000001 Coulomb geladen. Mit welcher Kraft wirkt diese Ladung auf die *E. S. E.*, welche sich 1 *cm* ausserhalb der Schale befindet.

Antwort: $R = \dfrac{Q}{d^2} = \dfrac{300}{(4 + 1)^2} = \dfrac{300}{25}$ *E. S. E.* $= 12$ Dyn.

119) Welche Ladung in Coulomb muss eine Kugelschale von 40 *cm* Durchmesser haben, damit die *E. S. E.* der Elektricität mit der Kraft eines Grammes auf ihrer Oberfläche zurückgehalten wird?

Antwort: Indem man die Anziehungskraft nach dem Coulomb'schen Gesetz ausdrückt und einem Gramm gleich setzt, wird

$$1\ gr = 981\ \text{Dyn} = \frac{Q}{20^2}\ \textit{E. S. E.}$$

Hieraus ergiebt sich

$$Q = 392\,244\ \textit{E. S. E.} = \frac{392\,244}{3 \cdot 10^9}\ \text{Coulomb} = 0{,}000131\ \text{Coulomb}.$$

120) Angenommen das Kabel in Aufgabe 78 sei auf die Erde gelegt und mit einer Elektricitätsmenge von 5000 Volt Spannung geladen; welche Entladung kann dann eine auf der Erde stehende Person aus der Kabelhülle ziehen? und welche Entladung, wenn das Kabel isolirt auf Telegraphenstangen hängt?

Antwort: Im ersten Fall ist keine Entladung möglich, weil Kabelhülle, Erde und Person alle auf demselben Potentialwerth sich befinden. Im anderen Falle ist jede Entladung möglich vom Nullwerthe bis zu einem Maximalwerth, bei welchem die Hülle selbst das Potential von 5000 Volt hätte. Dieser Maximalwerth beträgt 15,8 Microfarad $\times$ 5000 Volt $= 0{,}079$ Coulomb.

121) In den Endpunkten der grossen Axe einer Ellipse, sowie in den Schnittpunkten der Curve mit den Senkrechten zur grossen Axe, welche in den Brennpunkten errichtet werden, befinden sich gleiche elektrische Massen m. Diese haben jedoch der Reihe nach entgegengesetztes Vorzeichen. Welche Arbeit wird dann nöthig sein, um die elektrische Masse m' von einem Brennpunkt nach dem anderen zu bringen?

Antwort: Wenn m' der Einheit der elektrischen Menge gleich wäre, so wäre die Anzahl der nöthigen Arbeitseinheiten gleich der Anzahl der Einheiten, um welche das Potential im einen Brennpunkt vom Potential im anderen Brennpunkt verschieden ist. Wenn also V und $- V$ die Potentialwerthe in beiden Punkten sind, so wird die Arbeit auf m' Einheiten

$$m' \cdot V - m' \left(- V \right) = 2\,m'V$$

betragen. Das Potential V im einen der Punkte hat aber den Werth

$$V = + \frac{m}{a} - \frac{2\,m}{b} + \frac{2\,m}{c} - \frac{m}{e+a} = m \left\{ \frac{1}{a} - \frac{2}{b} + \frac{2}{c} - \frac{1}{a+e} \right\}.$$

122) Welcher Arbeit bedarf es, um die elektrische Masse m vom einen Ende eines Durchmessers eines Ellipsoids nach dem anderen Ende zu bringen?

Antwort: Die Ellipsoidenfläche ist eine Fläche gleichen Potentials, die verlangte Verschiebung kann daher ohne Aufwand von Arbeit bewirkt werden.

123) In den Condensatoren Berthoud, Borel & Cie, deren Capacität 1 Microfarad, hat die eine Belegung eine Ausdehnung von $f = 10000\ cm^2$, und die isolirende Schicht hat $d = 0{,}1\ cm$ Dicke. Welche elektrische Energie W kann derselbe aufnehmen, wenn die eine Belegung an die Erde gelegt ist, und die andere mit einer Elektricitätsquelle verbunden wird, deren Potential 600 Volt beträgt?

Antwort: $W = \dfrac{1}{8\,\pi} \cdot \dfrac{f}{d} \cdot V^2 = 15\,924$ Erg $= 16{,}2\ (gr,\ cm)$.

124) Welche Wärmemenge wird bei Entladung dieses Condensators erzeugt?

Antwort: 0,000282 (cal. *gr*).

125) Eine Metallkugel von 9 *cm* Radius ist bis auf 5000 Volt geladen; welche Energiemenge enthält sie?

3*

Antwort: $W = \dfrac{C \cdot V^2}{2} = \dfrac{1}{2} \cdot 9 \cdot \left(\dfrac{5000}{3 \cdot 10^2}\right)^2$ *E. S. E.* $= 1250$ Erg $= 1{,}27$ *cmgr.*

126) Man giebt einem Condensator (System Berthoud, Borel & Cie) leicht eine Capacität von 2,5 Microfarad. Wenn ein solcher die Ladung von 600 Daniell'schen Elementen (zu 1 Volt) aushält, welche Energiemenge lässt sich dann in ihm ansammeln?

Antwort: $W = \dfrac{1}{2} \times 2{,}5 \cdot 10^{-15} \times (600 \cdot 10^8)^2$ *E. M. E.*

$= 4500000$ Erg $= 4587$ *cmgr*; $= \frac{1}{2} \times 2{,}5 \cdot 9 \cdot 10^5 \times \left(\dfrac{600}{3 \cdot 10^2}\right)^2$

E. S. E. $= 4500000$ Erg $= 0{,}046$ *mkg.*

127) Eine Batterie von Leydner Flaschen enthält geladen 0,6 *mkg* Energie, und die beiden Belegungen haben eine Potentialdifferenz von 3000 Volt. Wie gross ist die Ladung, und wie gross ist die Capacität der Batterie?

Antwort: Die Energie kann ausgedrückt werden durch

$$W = \frac{CV^2}{2} = \frac{Q \cdot V}{2} = \frac{Q^2}{2\,C},$$

und daraus ergiebt sich

$$Q = \frac{2\,W}{V} = \frac{2 \cdot 60000}{3000 \cdot \dfrac{1}{3 \cdot 10^2}} \quad E.\ S.\ E. = 4 \cdot 10^{-6}\ \text{Coulomb.}$$

Durch Auflösung nach C wird

$$C = \frac{W}{2\,V^2} = 3000\ E.\ S.\ E. = \frac{1}{300}\ \text{Microfarad.}$$

B. Dynamische Elektricität.

I. Begriff der elektromotorischen Kraft und der Elektricitätsmenge.

128) Welche Spannung hat eine Volta'sche Säule von 80 Paaren im Vergleich zur Spannung eines Paares? und wie verhalten sich die entwickelten Elektricitätsmengen, wenn man voraussetzt, dass die Pole durch einen dicken (widerstandslosen) Kupferdrath verbunden seien?

Antwort: Die Spannung der 80 Paare ist das 80 fache. — Die durchgehenden Elektricitätsmengen sind in beiden Fällen dieselben; denn wenn auch bei 80 Paaren die treibende Kraft 80 mal grösser geworden, so ist auch der zu überwindende Widerstand das 80 fache geworden.

129) Die 40 ersten Paare einer Volta'schen Säule haben die entgegengesetzte Richtung wie die 40 anderen Paare. Welche Spannung findet man an den Enden der Säule? Welche Spannung herrscht zwischen einem Ende und der Mitte?

Antwort: Zwischen den Enden kann keine Spannung herrschen, da sich diese aus zwei entgegengesetzt gleichen Theilen zusammensetzt. — Zwischen der Mitte und einem Ende ist die Spannung das 40 fache der Spannung eines Paares.

130) Von $2\,n$ Paaren sind n nach einer Seite und die anderen n nach der anderen Seite gerichtet; die Enden (z. B. Zink und Zink) sind durch einen Metalldrath verbunden. Welcher Spannungsunterschied ergiebt sich zwischen diesem Drath und der Mitte der Säule? Welche Strommenge fliesst durch den Drath, verglichen mit der Menge, welche ein Paar liefern könnte?

Antwort: Die n Paare Zn-Cu und die n Paare Cu-Zn ergeben dieselbe Potentialdifferenz des n fachen eines Paares.

Die Elektricitätsmenge, welche durch den Drath fliesst, ist das Doppelte der Menge, welche ein Paar liefern kann, wenn die Mitte der Säule und der Metalldrath durch einen zweiten Drath verbunden sind. Andern Falls fliesst kein Strom durch den Drath Zn-Zn.

131) Wie müssen die 50 Paare einer Volta'schen Säule angeordnet werden, damit die elektromotorische Kraft das 50 fache derjenigen eines Paares sei? Wie muss die Anordnung gemacht sein, damit die Kraft der 50 Paare das 25 fache der Kraft eines Paares sei?

Antwort: Alle Paare müssen im selben Sinne, d. h. hinter einander geschaltet werden.

Um die 25 fache Strommenge zu erhalten, sind die Paare zu zweien so aneinanderzureihen, dass der Sinn von zwei zu zwei Paaren sich ändert, also in der Reihe Zn-Cu, Zn-Cu; Cu-Zn, Cu-Zn; Zn-Cu, Zn-Cu; Cu- ...... Ausserdem sind die doppelten Zinke und ebenso die doppelten Kupfer unter sich durch einen nämlichen Drath zu verbinden. Diese zwei Dräthe haben eine doppelt so grosse Spannungsdifferenz als die beiden Pole eines Paares; sie liefern auch die verlangte Strommenge, weil sowohl die Zinkfläche als die Kupferfläche das 25 fache derjenigen eines Paares geworden ist.

132) Welches ist, den Zahlen von Ed. Becquerel zu Folge, die elektromotorische Kraft eines Kohle-Kupfer-Schwefelsäure-Elementes, verglichen mit der elektromotorischen Kraft des Kohle-Kalium-Schwefelsäure-Elementes?

Antwort: Nach der im Anhang mitgetheilten Tafel ist die elektromotorische Kraft des ersten Elementes der Zahl 35 proportional, das zweite aber der Zahl 173. Das gesuchte Verhältniss ist also ungefähr 5.

133) Eine Batterie von 6 Platin-Zink-Schwefelsäure-Elementen soll durch eine Batterie von Platin-Kupfer-Schwefelsäure-Elementen so ersetzt werden, dass sie gleiche elektromotorische Kraft hat. Wie viele solcher Elemente sind nöthig?

Antwort: Die 6 Pt-Zn-SO_4-Elemente haben eine elektromotorische Kraft, welche der Zahl $6 . 103 = 618$ proportional ist. Die x Pt-Cu-Elemente werden eine elektromotorische Kraft haben, welche der Zahl $x . 35$ proportional ist. Da nun $618 = 35 . x$ sein muss, so folgt $x = 18$ Pt-Cu-Elemente.

134) In welchem Verhältniss stehen die elektromotorischen Kräfte dreier Batterien, von denen die erste aus 4 Elementen Kohle-Eisen, die zweite aus 6 Elementen Eisen-Zink, die dritte aus 3 Elementen Kohle-Zink (je mit Schwefelsäure) besteht?

Antwort: Die elektromotorischen Kräfte sind bezüglich den Produkten 4 . 61 und 6 . 42 und 3 . 103 proportional. Die Kräfte verhalten sich unter einander demnach wie $244 : 252 : 309$.

II. Gesetz der Elektrolyse.

135) In denselben Stromkreis sind zwei Voltameter mit Platinelektroden eingeschaltet. Die eine hat 12 cm^2 Oberfläche, die andere 0,6 cm^2 und beide tauchen in angesäuertes Wasser. Im ersten werden in einer gewissen Zeit 40 cm^3 Gas entwickelt, wie viel im zweiten?

Antwort: Die entwickelten Gasmengen hängen nur von der Stromstärke ab. Diese ist aber die nämliche für beide Voltameter, da sie hintereinander geschaltet sind. Beide Voltameter werden daher auch nach derselben Zeit dieselbe Gasmenge enthalten.

136) Zwischen den zwei Punkten A und B eines Stromkreises ist eine Verzweigung von zwei Zweigen, von denen jeder ein Voltameter enthält. Die beiden Zweige sind so beschaffen, dass die darin enthaltenen Ströme sich verhalten wie 2 zu 5. Ein drittes Voltameter ist vor der Verzweigung eingeschaltet. Der schwächere Strom im einen Zweig schlägt in einer gewissen Zeit 0,6 gr Kupfer nieder. Welche Kupfermengen werden in derselben Zeit in den beiden anderen Voltametern niedergeschlagen?

Antwort: Die niedergeschlagenen Kupfermengen verhalten sich wie die Stromstärken, also ist $2 : 5 = 0,6 \ gr : x \ gr$: woraus $x = 1,5 \ gr$. — Die Stromstärke im ungetheilten Kreis ist der Summe der Ströme in den Zweigen gleich, also auch das von ihr niedergeschlagene Kupfer $y = 0,6 \ gr + 1,5 \ gr = 2,1 \ gr$.

137) Ein gewisser Strom entwickelt 72 cm^3 Gas in 6 Minuten; welche Gasmenge wird ein doppelt so starker Strom in einer Minute erzeugen?

Antwort: Da die Gasmenge der Stromstärke und der Zeit proportional ist, so wird im gesuchten Fall $72 . 2 . \dfrac{1}{6} = 24 \ cm^3$ Gas entwickelt werden.

III. Faraday's Gesetz.

138) Wie viel Silber kann man mit einem Strom niederschlagen, welcher 0,6 *gr* Wasserstoff erzeugt?

Antwort: Da das chemische Aequivalent des Silbers 108 ist, und sich die niedergeschlagenen Mengen wie diese Aequivalente verhalten, so ergiebt sich die gesuchte Silbermenge x aus der Proportion

$$1 : 108 = 0,6 : x$$

als zu 64,8 *gr.*

139) Mit einem gewissen Strom hat man 200 *gr* Kupfer niedergeschlagen; welches Gewicht und welches Volumen Wasserstoff hätte dieser Strom erzeugt?

Antwort: Das chemische Aequivalent des Kupfers ist 31,8; der erzeugte Wasserstoff hätte somit das Gewicht $\frac{200}{31,8} = 6{,}29$ *gr.* Da nun ein Liter Wasserstoff 0,0895 *gr* wiegt, so kommen den 6,29 *gr* ein Volumen von $\frac{6,29}{0,0895}$ Liter $= 70279$ *cm³* zu.

140) Welche Menge Wismuth kann mit dem Strom niedergeschlagen werden, welcher 81 000 *cm³* Knallgas erzeugt?

Antwort: In den 81 000 *cm³* Knallgas sind $\frac{2}{3}$, also 54 000 *cm³* Wasserstoff enthalten, welche $54 \cdot 0{,}0895$ *gr* $= 4{,}833$ *gr* wiegen. Da das chemische Aequivalent des Wismuths 210 ist, so würden von diesem $4{,}833 \cdot 210 = 1014{,}93$ *gr* Wismuth niedergeschlagen.

141) In denselben Stromkreis werden ein Silbervoltameter, ein Kupfervoltameter und ein Platinvoltameter eingeschaltet. Nach Verfluss einer Stunde sind 54 *gr* Silber niedergeschlagen; wie viel Kupfer und wie viel Platin?

Antwort: Durch den Strom, welcher 54 *gr* Silber niederschlägt, werden $\frac{54}{108}$ *gr* Wasserstoff entwickelt. Dem halben Gramm Wasserstoff entsprechen aber $\frac{1}{2} \cdot 31{,}8 = 15{,}9$ *gr* Kupfer, und $\frac{1}{2} \cdot 98{,}6$ *gr* $= 49{,}3$ *gr* Platin.

142) Wie viel Kupfersulfat zersetzt der Strom, welcher 5 *gr* Wasser zerlegt?

Antwort: Durch Zerlegung von 5 gr Wasser werden $\dfrac{2 \cdot 1}{2 \cdot 1 + 1 \cdot 8} \cdot 5\ gr = 1\ gr$ Wasserstoff erzeugt. Derselbe Strom schlägt 31,8 gr Kupfer nieder. Nach der Formel $SO_4 Cu$ ist dieses Kupfer in $32 + 4 \cdot 16 + 31,8 = 127,8\ gr$ Vitriol enthalten.

143) Welches Gewicht Zink wird in einer Säule verbraucht, welche 60 gr Silber aus einem Bad mit Silbernitrat ($NO_3 Ag$) niederschlägt, wenn man rechnet, dass 20 % des Zinkes in Folge seiner Unreinheit verloren gehen?

Antwort: Ein Niederschlag von 108 gr Silber verlangt 32,7 gr Zink; die 60 gr verlangen somit $\dfrac{60}{108} \cdot 32,7 = 18,17\ gr$ Zink, bezüglich $\dfrac{5}{4} \cdot 18,17 = 22,71$ käufliches Zink.

144) Man hat, um eine Gypsstatue zu verkupfern, 128 gr Kupfer auf sie niedergeschlagen. Wie hoch kommt dieser Niederschlag zu stehen, wenn man annimmt, er sei mit Daniell'schen Elementen gemacht und es seien nur die Preise des Kupfersulfats, des Zinks und der Schwefelsäure gerechnet.

Antwort: Die 128 gr Kupfer verlangen $\dfrac{128}{31,8}(32 + 4 \cdot 16 + 31,8)$ $= 515\ gr$ Kupfersulfat, welche (das kgr zu fs. 1 . 60 Cts. gerechnet) 82 Cts. kosten. — Der verlangte Niederschlag bedingt einen Strom, welcher $\dfrac{5}{4} \cdot \dfrac{128}{31,8} \cdot 32,7 = 164,5\ gr$ käufliches Zink verbraucht. Dieses kostet $164,5 \cdot 0,3$ Cts. $= 50$ Cts. Ausserdem wird im Element selbst dieselbe Kupfermenge aus Kupfervitriol abgeschieden wie innerhalb desselben, so dass sich die Kosten an verbrauchten Drogen auf $2 \cdot 82 + 50 = 212$ Cts. belaufen.

145) Wenn ein Coulomb 0,0003307 gr Kupfer niederschlägt, welche Elektricitätsmenge ist dann nöthig, um 128 gr Kupfer abzuscheiden?

Antwort: $128 : 0,0003307 = 387060$ Coulomb.

146) Welches Volumen Knallgas wird von der Strommenge erzeugt, welche 128 gr Kupfer abscheiden kann, wenn ein Coulomb 0,1760 cm^3 erzeugt?

Antwort: Da nach der vorigen Aufgabe 387060 Coulomb zur Abscheidung jener Kupfermenge nöthig sind, so müssen $387060 \cdot 0{,}1760 = 68122 \ cm^3$ Gas erzeugt werden.

147) Eine Batterie, welche zum Versilbern dient, giebt einen Strom von 0,6 Ampères. Welches Gewicht an Silber wird während drei Sekunden auf einen Gegenstand von $350 \ cm^2$ Oberfläche niedergeschlagen, wenn eine Ampère-Stunde 4,082 gr abscheidet? und welches ist die Dicke der entstehenden Silberschicht?

Antwort: Die Menge des niedergeschlagenen Silbers wird

$$4{,}082 \cdot 0{,}6 \cdot \frac{3}{60 \cdot 60} \ gr = 0{,}002041 \ gr.$$

Das Volumen der Schicht wird $0{,}002041 : 10{,}51 = 0{,}0002 \ cm^3$, und daher ihre Dicke $0{,}0002 : 350 = 0{,}0000006 \ cm$.

148) Während welcher Zeit muss man ein Platinblech von $200 \ cm^2$ Oberfläche in einem Kupferbad lassen, damit die Dicke der Kupferschicht $0{,}00000005 \ cm$ sei, wenn man einen constanten Strom von 0,2 Ampère voraussetzt und eine Ampère-Stunde 1,191 gr Kupfer giebt?

Antwort: Wenn man mit x die gesuchte Anzahl Sekunden bezeichnet, so muss

$$1{,}191 \cdot 0{,}2 \cdot \frac{x}{60 \cdot 60} \cdot \frac{1}{8{,}94} \cdot \frac{1}{200} = 5 \cdot 10^{-8}$$

sein, und somit $x = 1{,}35$ Sekunden.

149) In einer Werkstätte für galvanoplastische Arbeiten lässt man denselben Strom durch ein Kupferbad, ein Silberbad, ein Goldbad und ein Nickelbad gehen. In welchem Verhältniss stehen die Gewichte der bezüglichen Metalle, welche alle in einer nämlichen Zeit niedergeschlagen werden?

Antwort: Da dieselbe Elektricitätsmenge durch jedes der Voltameter fliesst, so müssen sich die niedergeschlagenen Metallmengen gerade wie ihre elektrochemischen Aequivalente verhalten, also

$$\mathrm{Cu} : \mathrm{Ag} : \mathrm{Au} : \mathrm{Ni} = 1{,}191 : 4{,}082 : 3{,}714 : 1{,}115$$

oder wie

$$= 0{,}3307 : 1{,}134 : 1{,}0316 : 0{,}3097.$$

150) Wie verhalten sich, bei gleicher Stromstärke, die Zeiten, in welchen gleiche Gewichte der Metalle Kupfer, Silber, Gold, Nickel niedergeschlagen werden?

Antwort: Die gesuchten Zeiten verhalten sich umgekehrt wie die elektrochemischen Aequivalente, also

$$Cu : Ag : Au : Ni = \frac{1}{1{,}191} : \frac{1}{4{,}082} : \frac{1}{3{,}714} : \frac{1}{1{,}115} = 84 : 24\tfrac{1}{2} : 27 : 90.$$

151) Welche Stromstärke ist nothwendig, um ein Gramm Wasser in der Sekunde zu zerlegen?

Antwort: Nach den Messungen von Kohlrausch entwickelt ein Coulomb durch Zersetzung von angesäuertem Wasser 0,0000105 *gr* Wasserstoff. Das in der nämlichen Zeit zerlegte Gewicht Wasser ist 9 . 0,0000105 *gr*. Demnach muss die gesuchte Anzahl x Ampère der Bedingung genügen

$$x . 9 . 0{,}0000105 \; gr = 1 \; gr, \text{ woraus } x = 10582 \text{ Ampère.}$$

152) Gewöhnlich wird die Stromstärke beim Verkupfern so gewählt, dass in 24 Stunden auf jedem cm^2 eine Kupfermenge von 0,5 *gr* abgesetzt wird. Wenn der Niederschlag 1,5 *gr* wird, so ist er schlecht. Welches sind die diesen Fällen entsprechenden Stromstärken?

Antwort: Nach Tafel VI giebt jeder Coulomb 0,0003245 *gr*; wonach ein Ampère in 24 Stunden $1 \times 24 . 60 . 60 \times 0{,}0003245$ $= 28{,}0$ *gr* giebt. Damit in dieser Zeit der Niederschlag nur $\frac{1}{2}$ *gr* wiege statt 28 *gr*, muss der Strom $\frac{1}{2 . 28} = \frac{1}{56}$ Ampère auf das cm^2 sein; — bezüglich $\frac{3}{56} = 0{,}0893$ Ampère.

153) Mit einer Dynamomaschine lässt sich 600 *gr* Nickel niederschlagen, bezogen auf m^2 und Stunde; welcher Stromstärke entspricht dieses auf ein cm^2 gerechnet?

Antwort: Die angegebene Nickelmenge entspricht $\dfrac{600}{3600 . 10000}$ *gr* für jede Sekunde und cm^2. Da ferner 1 Ampère-Sekunde 0,0003015 *gr* niederzuschlagen vermag, so ist die gesuchte Stromstärke

$$\frac{600}{3600 . 10000 \times 0{,}0003015} = \frac{1}{18} \text{ Ampère.}$$

IV. Begriff der Strom - Einheit.

154) Im Mittelpunkt eines Kreisbogens, dessen Länge und dessen Halbmesser gleich 1 *cm* sind, befindet sich die Einheit des Magnetismus. Wie stark ist der im Bogen fliessende Strom, wenn die Stärke der gegenseitigen Anziehung 1 Dyn beträgt?

Antwort: Nach der Definition der elektromagnetischen Strom-Einheit ist die gefragte Stromstärke diejenige einer Einheit ($E.\ M.\ E.$).

155) In einem Kreis von 1 *cm* fliesst ein Strom von der Intensität 1 $E.\ M.\ E.$ Mit welcher Kraft wirkt dieser Strom auf die im Mittelpunkt befindliche Einheit magnetischer Masse?

Antwort: Da, zu Folge Definition, der Strom per 1 *cm* Bogenlänge mit der Kraft 1 Dyn wirkt, so wird der Strom im ganzen Kreis von $2\,\pi$ 1 *cm* Länge mit einer $2\,\pi$ fachen Kraft, also mit $2\,\pi$ Dyn wirken.

156) Man lässt eine $E.\ M.\ E.$ des Stromes in einem Kreis von *r cm* Halbmesser fliessen; mit welcher Kraft wirkt jene auf eine $E.\ M.\ E.$ der magnetischen Masse, welche sich im Mittelpunkt befindet?

Antwort: Der Stromkreis ist $2\,\pi\,r$ *cm* lang, aber seine Elemente liegen jetzt in einer Entfernung von *r cm* statt 1 *cm*. Die Wirkung desselben auf den Pol wird daher im Verhältniss von $1^2 : r^2$ kleiner sein und $\dfrac{2\,\pi\,r}{r^2} = \dfrac{2\,\pi}{r}$ Dyn betragen.

157) Wenn *m* magnetische Einheiten im Mittelpunkt eines Kreises liegen, und dieser von *i* $E.\ M.\ E.$ des Stromes durchflossen wird, wie gross muss dann der Halbmesser des Kreises sein, damit die wirkende Kraft 1 Dyn beträgt?

Antwort: Die Kraft des Stromes auf den Pol ist einerseits ausgedrückt durch $\dfrac{m\, .\, i\, .\, 2\,\pi\,r}{r^2}$ Dyn, und anderseits durch 1 Dyn, nach der gestellten Bedingung. Aus der Gleichsetzung $\dfrac{2\,m\,i\,\pi}{r} = 1$ folgt $r = 2\,\pi\,m\,i$ *cm*.

158) Wie gross muss der Halbmesser des Kreises sein, der von dem Strom einer $E.\ M.\ E.$ durchflossen wird, damit die Wirkung auf die Einheit der magnetischen Masse im Mittelpunkt diejenige eines Dyn sei?

Antwort: Es sei r der gesuchte Halbmesser; dann ist die wirkende Kraft

$$1 \text{ Dyn} = \frac{2\,\pi\,r \cdot 1 \cdot 1}{r^2} \text{ Dyn}, \qquad \text{woraus} \qquad r = 2\,\pi \;cm.$$

159) Zwei Halbkreise mit den Radien r und R liegen einander gegenüber und zugleich concentrisch, so dass ihre Enden auf demselben Durchmesser liegen. Der von den Halbkreisen und Abschnitten des Durchmessers gebildete Stromkreis wird von i *E. M. E.* durchflossen, und im Mittelpunkt befinden sich m Einheiten magnetischer Masse. Mit welcher Kraft wirkt jener Strom auf diesen Pol?

Antwort: Der Ausdruck für die Kraft setzt sich zusammen aus zwei Theilen, und ist

$$f = \frac{2\,\pi\,r\,i\,m}{r^2} + \frac{2\,\pi\,R\,i\,m}{R^2} = 2\,\pi\,i\,m \left\{ \frac{1}{r} + \frac{1}{R} \right\} \text{ Dyn.}$$

160) Wenn man in voriger Aufgabe $m = i = 1$ und $R = 2\,r$ setzt, wie gross muss dann r sein, damit $f = 1$ Dyn sei?

Antwort: Mit Benutzung des Ergebnisses der vorigen Aufgabe ergiebt sich die Bedingung für r, dass

$$1 \text{ Dyn} = 2\,\pi\,\frac{3\,r}{2\,r^2} \text{ Dyn sei}, \qquad \text{oder} \qquad r = 3\,\pi \;cm.$$

161) Der Strom in einem kreisförmigen Leiter von 5 *cm* Halbmesser wirkt auf 4 *E. M. E.* magnetischer Masse, welche in seinem Mittelpunkt liegen, mit einer Kraft von 0,1 Dyn. Welche Intensität hat der Strom in Ampère?

Antwort: Wenn die unbekannte Stromstärke mit x Ampère bezeichnet wird, so muss die Gleichheit bestehen $2\,\pi \cdot \dfrac{x}{10} \cdot 4 \cdot \dfrac{1}{5} =$ 0,1 Dyn. Hieraus ergiebt sich, dass $x = 0{,}2$ Ampère.

V. Begriff der Mengen-Einheit.

162) In einem Leiter fliesst ein Strom von 10 Ampère. Welche Menge Elektricität fliesst da in der Sekunde durch den Querschnitt des Leiters?

Antwort: Die 10 Ampère sind gleichwerthig mit einer *E. M. E.* der Stromstärke. Wenn aber diese in einem Leiter strömt, so ist die in der Sekunde durch den Querschnitt gehende Menge nach Definition gleich einer *E. M. E.* elektrischer Masse.

163) Ein Leiter wird von 200 Ampère durchströmt. Welche Elektricitätsmenge geht sonach in der Sekunde durch jeden Querschnitt?

Antwort: Die durchfliessende Menge ist $200 \cdot \dfrac{1}{10} = 20$ *E. M. E.* der Menge, oder auch, da nach Definition des „Coulomb" dieser 0,1 etner absoluten Einheit ist, gleich der Menge von 200 Coulomb.

164) Der eine Pol einer aus 4 neben einander geschalteten Bunsenelementen bestehenden Batterie ist zur Erde abgeleitet, während der andere Pol seine Elektricität immer an passende Behälter abgiebt. Der Strom hat die Intensität von 40 Ampère, und wird während 90 Minuten als vollständig constant angenommen. Welche Elektricitätsmenge ist in dieser Zeit zur Erde abgeflossen?

Antwort: In praktischen Einheiten ausgedrückt, erhält man die gesuchte Menge ausgedrückt nach der Beziehung Q Coulomb $= J$ Ampère $\times$ T Sekunden. Dieselbe ist 216000 Coulomb. — In absoluten Einheiten ausgedrückt, und da 1 Ampère $= 0,1$ *E. M. E.* ist, wird die gesuchte Menge durch $40 \cdot 0,1 \times 90 \cdot 60 = 21600$ *E. M. E.* Da ein Coulomb $= 0,1$ *E. M. E.* der Menge, so machen jene 21600 *E. M. E.* ebenfalls 216000 Coulomb aus.

165) Die positive Elektricität einer Reibungsmaschine wurde auf einen Kugelconduktor von 6 *cm* Radius geleitet. Nach 5 Sekunden konnte man aus diesem einen 3 *cm* langen Funken ziehen (Spannung 8000 Volts). Wie stark war der Strom im Drath, welcher die Maschine mit dem Conduktor verband, wenn man voraussetzt, dass die Erzeugung der Elektricität eine gleichmässige gewesen sei?

Antwort: Nach den Lehren der Statik ist die Elektricitätsmenge

$$Q = C \cdot V = 6 \times \frac{8000}{10^8} \; E. \; M. \; E. = \frac{48 \cdot 10^{-5}}{10^{-1}} \; \text{Coulomb} =$$
$$= 48 \cdot 10^{-4} \; \text{Coulomb}.$$

Von dieser Menge ist in einer von den 5 Sekunden $\frac{1}{5} \cdot 48 \cdot 10^{-4}$ Coulomb durch einen Querschnitt des Leiters geflossen. Die Stromstärke ist demnach $i = \dfrac{1}{5} \cdot 48 \cdot 10^{-4}$ Ampère $= 0,96$ Milliampère.

VI. Begriff der Widerstands - Einheit.

166) Man will die *E. M. E.* des Widerstandes durch einen ausgeglühten, chemisch reinen Silberdrath von 2 *cm* Durchmesser darstellen. Wie lang muss er sein?

Antwort: Der Widerstand eines Silberdrathes von 1 *m* Länge und 1 *mm* Durchmesser ist 0,01937 Ohm (siehe Tafel VIII), oder $0,01937 . 10^9$ *E. M. E.*

Der 20 *mm* dicke Drath wird einen $20^2 = 400$ mal kleineren Widerstand haben; das ist 48400 *E. M. E.* der Meter. Um nur eine *E. M. E.* des Widerstandes zu haben, muss die Länge des Drathes sein $1000 : 48400 = 0,0207$ *mm*.

167) Wie dick muss eine Kupferscheibe von 3 *cm* Durchmesser sein, damit sie in der Richtung der Dicke einen Widerstand von 1 *E. M. E.* hat?

Antwort: 0,046 *mm*.

168) Das dünnste käufliche Kupferblech hat 0,02 *cm* Dicke. Welche Oberfläche muss es haben, damit der Widerstand in der Richtung der Dicke 1 *E. M. E.* betrage?

Antwort: Das gewalzte Kupfer hat nach Tafel VIII einen Widerstand von 1,652 Mikrohm für ein cm^3, oder $0,000001652 . 10^9$ *E. M. E.* für ein cm^3. Der Widerstand für die Dicke 0,02 *cm* ist daher nur noch $1652 : 0,02 = 82600$ *E. M. E.* auf das cm^2. Da der Widerstand im selben Masse abnimmt als der Querschnitt, oder die Fläche zunimmt, so wird die *E. M. E.* des Widerstandes hergestellt sein durch eine Fläche von 82600 $cm^2 = 8,26$ m^2.

169) Der dünnste Platindrath hat noch 0,01 *mm* Dicke. Wie lang muss er sein, damit sein Widerstand 1 *E. M. E.* sei?

Antwort: Der Widerstand eines Platindrathes, welcher 100 *cm* lang ist und 1 *mm* dick, beträgt 0,1166 Ohm; derjenige von x *cm* Drath von 0,001 *cm* ist demnach $0,1166 . 10^9 \times \dfrac{x}{100} \times \dfrac{1}{(0,001)^2}$. Da dieser Widerstand 1 *E. M. E.* betragen soll, so ergiebt sich die Gleichheit

$$0,1166 . 10^9 \times \frac{x}{100} \times \frac{1}{(0,001)^2} = 1,$$

woraus $x = 0,86$ *cm*.

170) Wie lang muss ein Drath aus Kupfer, Eisen, Platin, Nickel, Aluminium und Blei sein, damit sein Widerstand 1 Ohm sei, vorausgesetzt dass er 1 mm dick sei?

Antwort: Wenn ϱ der specifische Widerstand (cm, gr, sec) ist, und x die gesuchte Länge in cm, so muss die Gleichung erfüllt sein

$$\frac{\varrho\, x}{\pi\,(0{,}05)^2} = 10^9 \; E.\; M.\; E.\; \left[\frac{cm}{\text{sec}}\right].$$

Hieraus ergiebt sich für $x = \dfrac{11}{14} \cdot 10^7 \cdot \dfrac{1}{\varrho}\; cm.$ — Die gesuchten Längen sind demnach bezüglich für

$$Cu = 51{,}49\; m; \quad Fe = 8{,}454\; m; \quad Pt = 9{,}038\; m; \quad Ni = 6{,}594\; m;$$
$$Al = 28{,}18\; m; \quad Pl = 4{,}19\; m.$$

171) Ein cm^3 Gold hat einen Widerstand von 2,081 Mikrohm. Wie viel macht dies aus in $E.\; M.\; E.$?

Antwort: Es ist 1 Mikrohm $= 10^{-6}$ Ohm $= 10^{-6} \cdot 10^9$ $E.\; M.\; E. = 10^3\; E.\; M.\; E.$ Die 2,081 Mikrohm machen sonach $2{,}081 \cdot 10^3 = 2081\; E.\; M.\; E.$ aus.

VII. Begriff der Einheit der elektromotorischen Kraft.

172) Man nimmt an, die elektromotorische Kraft eines Daniell'schen Elementes sei 1 Volt und verbindet seine beiden Pole durch einen homogenen leitenden Drath. Wie lang muss dieser Drath sein, damit die elektromotorische Kraft zwischen zwei um 1 cm entfernten Punkten eine $E.\; M.\; E.$ der elektromotorischen Kraft sei?

Antwort: Nach Definition ist 1 Volt $= 10^8\; E.\; M.\; E.$ Da ausserdem die elektromotorische Kraft im Verhältniss der Länge des leitenden Drathes abnimmt und diese Abnahme 1 $E.\; M.\; E.$ für jeden cm Drath ausmachen muss, so muss der Drath eine Länge von $10^8\; cm = 1000$ Kilometer haben.

173) Vorausgesetzt man hätte einen Drath längs des Aequators um die ganze Erde gespannt, wie gross muss dann die elektromotorische Kraft einer eingeschalteten Säule sein, damit die Potentialdifferenz zweier um 1 cm von einander entfernten Punkte 1 $E.\; M.\; E.$ beträgt?

Antwort: Der Aequator ist $40\,000\,000\; m = 4 \cdot 10^9\; cm$ lang. Somit muss die elektromotorische Kraft $4 \cdot 10^9\; E.\; M.\; E. = 40 \cdot 10^8$ $E.\; M.\; E. = 40$ Volt betragen.

VIII. Begriff der praktischen Einheiten.

174) Wie viele Kilogramm-Meter entsprechen einer Pferdekraft-Stunde?

Antwort: Eine Pferdekraft-Stunde ist die Arbeit, welche von einer Pferdekraft während einer Stunde geleistet wird; also auch die Arbeit, welche 75 Kilogramm-Meter während 3600 Sekunden leisten. Dieselbe entspricht also $75 \cdot 3600 = 270000$ Kilogramm-Meter-Sekunde.

175) Welchen Werth hat ein Kilogramm-Meter in Erg ausgedrückt?

Antwort: Ein Erg ist die Arbeit eines Dyn längs eines *cm*; 981 Dyn sind dem Gewicht eines Grammes gleich, daher ist ein Kilogramm-Meter von 1000 *gr* und 100 *cm* gleichwerthig mit $1000 \cdot 981$ Dyn, welche 100 *cm* weit verschieben, also 1 Kilogramm-Meter $= 98100000$ Erg.

176) Wie viel macht eine Pferdekraft aus in Erg?

Antwort: $1 \text{ HP} = 75 \; mkgr = 75 \cdot 98100000$ Erg $= 737500000$ Erg $= 737,5$ Megaerg.

177) Wie gross ist das calorische Aequivalent (in Calorien *kg*, Grad Cels.) einer Pferdekraft?

Antwort: Das Wärmeäquivalent eines Kilogramm-Meter ist $= \frac{1}{424}$ Cal. (*kgr*, Grad); dasjenige einer Pferdekraft ist daher

$$1 \text{ HP} = \frac{75}{424} \text{ Cal.} = 0,17689 \text{ Cal. } (kgr, \text{ Grad Cels.}).$$

178) Die Grundeinheiten der Länge und der Masse im System der praktischen Einheiten sind 10^9 *cm* und 10^{-11} *gr*. Durch welchen Theil des Erdmeridian und durch welches Volumen Wasserstoff von 0^0 und 760 *mm* Druck werden diese Grössen dargestellt?

Antwort: Es ist 10^9 *cm* gleich der Länge des Erdquadranten, und 10^{-11} *gr* sind das Gewicht von 0,1 *mm³* Wasserstoff bei 760 *mm* Barometerstand.

179) Wie viele Erg entsprechen der praktischen Einheit elektrischer Arbeit, dem Volt-Ampère oder Watt?

Antwort: Es ist ein Watt $= 1$ Volt $\times 1$ Ampère $= 10^8$ *E. M. E.* $\times 10^{-1}$ *E. M. E.* $= 10^7$ *E. M. E.* der Arbeit $= 10^7$ Erg.

180) Wie viele Watt sind ein Kilogramm-Meter?

Antwort: Ein $mkgr = 981 \cdot 10^5$ E. M. E. $= 9{,}81 \cdot 10^7$ Erg $= 9{,}81$ Watt.

181) Eine Dynamomaschine giebt 20 Ampère bei einer elektro-motorischen Kraft von 60 Volt. Wie viele Kilogramm-Meter entsprechen dieser elektrischen Arbeit?

Antwort: Die elektrische Arbeit beträgt $20 \cdot 60$ Volt-Ampère $= 1200$ Watt $= 1200 : 9{,}81$ $mkgr = 122$ $mkgr$.

182) Wie viele Calorien (kgr, Grad Celsius) und wie viele Calorien (gr, Grad Celsius) entsprechen W Watt?

Antwort: Man hat nach und nach

$$W \text{ Watt} = W : 9{,}81 \ mkgr = W : (9{,}81 \cdot 424) \text{ Cal. } (kgr, \text{ Grad})$$
$$= 0{,}0002404 \ W \text{ Calorien;}$$

und ebenso

$$W \text{ Watt} = 0{,}0002404 \ W \cdot 1000 \text{ Cal. } (gr, \text{ Grad})$$
$$= 0{,}2404 \ W \text{ Cal. } (gr, \text{ Grad}).$$

183) Wie vieler Volt-Ampère bedarf es, um eine Calorie (gr, Grad Celsius) in einer Sekunde zu erzeugen?

Antwort: Da nach der vorhergehenden Aufgabe W Volt-Ampère der Wärmemenge von $0{,}2404$ W Cal. entsprechen, so sind ungefähr 4 Volt-Ampère nöthig, um eine Calorie zu erzeugen.

184) Man verwandle 4 Watt in Coulomb-Sekunden.

Antwort: Nach Definition des Coulomb ist eine Coulomb-Sekunde gleichbedeutend mit einem Volt-Ampère, also sind 4 Watt gleichwerthig mit 4 Coulomb-Sekunden oder mit einer Calorie (gr).

185) Wie vieler Watt bedarf es, um ein Gramm Wasser von Null Grad auf 100^{0} zu bringen?

Antwort: Der genannte Vorgang verlangt 100 Cal., also $100 : 4 = 25$ Watt.

186) Man will 250 gr Wasser, welche anfänglich eine Temperatur von 12^{0} haben, innerhalb einer Sekunde durch die vom elektrischen Strom zu erzeugende Wärme in Dampf verwandeln. Wie viele Watt sind nothwendig?

Antwort: Die nöthige Wärmemenge ist

$$250 \left\{ (100 - 12) + 606 \right\} \text{Cal.},$$

und somit die nöthige elektrische Energie

$$\frac{250 \cdot 694}{4} \text{ Watt} = 43\,375 \text{ Watt.}$$

187) Wie viele Watt sind nothwendig, um dieselbe Menge (250 *gr*) Quecksilber in einer Sekunde zu verdampfen?

Antwort: Die nöthige Wärmemenge ist

$$250 \left\{ 0{,}0335\,(357 - 12) + 62 \right\} \text{Cal.} = 15\,890 \text{ Cal.}$$

Diese Wärme wird geliefert von

$$\frac{15\,890}{4} \text{ Watt} = 3975 \text{ Watt} = 398 \; mkgr = 5{,}3 \text{ HP.}$$

IX. Uebergang aus einem Maasssystem in ein anderes.

188) Ein Rechteck hat eine Fläche von 0,038 Einheiten im Meter-, Kilogramm-, Sekunden-System. Wie gross ist seine Fläche in Einheiten des *cm*-, *gr*-, sec-Systems?

Antwort: Man erhält die Oberfläche als Produkt zweier Längen; ihre Dimension ist $[L^2]$. Die Fläche ist sonach

$$F = 0{,}038\,[\text{Meter}^2] = 0{,}038 \cdot 100^2\,[cm^2] = 380 \text{ Einheiten } (cm, gr, \text{sec})$$
$$= 380 \; cm^2.$$

189) Die Oberfläche einer Kugel beträgt 876\,500 Einheiten (*cm*, *gr*, sec); wie gross ist dieselbe in Einheiten des (*m*-, *kgr*-, sec-) Systems?

Antwort: $F = 876\,500\,[cm^2] = 876\,500\,(^1/_{100})^2\,[m^2] = 87{,}65\,[m^2]$.

190) Das Volumen eines Cylinders beträgt 5643 Einheiten (*cm*, *gr*, sec); wie viel macht dies in Einheiten (*m*, *kgr*, sec)?

Antwort: $V = 5643\,[cm^3] = 5643\,(^1/_{100})^3\,[m^3] = 0{,}005643\,[m^3]$.

191) Die Dichte des Wassers im System (*cm*, *gr*, sec) ist $D = 1$; wie gross ist dieselbe im System (*m*, *gr*, sec)?

Antwort: Die Dichte ist definirt als Quotient aus Masse und Volumen, also

$$D = \frac{1}{1^3}\left[\frac{gr}{cm^3}\right] = \frac{1}{(0{,}01)^3}\left[\frac{gr}{m^3}\right] = 1\,000\,000\left[\frac{gr}{m^3}\right].$$

192) Die absolute Dichte des Platins beträgt 21,50 (*cm*, *gr*, sec); wie gross ist seine Dichte im System (*kgr*, *m*, Minute)?

Antwort: $D = 21{,}50\left[\dfrac{gr}{cm^3}\right] = 21{,}50 \cdot \dfrac{0{,}001}{(0{,}01)^3}\left[\dfrac{kgr}{m^3}\right] =$ $21\,500\left[\dfrac{kgr}{m^3}\right].$

193) Die Geschwindigkeit eines Körpers ist 2,4 (Meter, Minute); wie gross ist dieselbe im System (*cm*, *gr*, sec)?

Antwort: $v = 2{,}4\left[\dfrac{m}{\min}\right] = 2{,}4 \cdot \dfrac{100}{60}\left[\dfrac{cm}{\sec}\right] = 4\left[\dfrac{cm}{\sec}\right].$

194) Das Licht pflanzt sich mit einer Geschwindigkeit fort von 300000 Kilometer. Wie gross ist diese Geschwindigkeit in Einheiten des Systems (Erdquadrant, Minute)?

Antwort: $v = 300\,000\left[\dfrac{km}{\sec}\right] = 300\,000\,\dfrac{0{,}0001}{^1\!/_{60}}\left[\dfrac{\text{Erdquadrant}}{\text{Minute}}\right]$ $= 1800\left[\dfrac{\text{Erdquadrant}}{\text{Minute}}\right].$

195) Die Beschleunigung der Schwere beträgt 9,81 *m* in der Sekunde. Wie gross ist dieselbe a) im System (*cm*, *gr*, sec)? und b) im System (*km*, Minute, *kgr*)?

Antwort: Es ist nach der Definition der Beschleunigung und mit ihrer Dimension

$$a = 9{,}81\left[\frac{m}{\sec^2}\right] = 9{,}81 \cdot \frac{100}{1^2}\left[\frac{cm}{\sec^2}\right] = 981\left[\frac{cm}{\sec^2}\right]; -$$

$$a = 9{,}81\left[\frac{m}{\sec^2}\right] = 9{,}81 \cdot \frac{0{,}001}{(^1\!/_{60})^2}\left[\frac{km}{\text{Min}^2}\right] = 35{,}316\left[\frac{km}{\text{Min}^2}\right].$$

196) Die Beschleunigung, mit welcher ein Zug durch einen Abhang fährt, beträgt 2 Einheiten, bezogen auf Kilometer und Minute; wie gross ist dieselbe im (*cm*-, *gr*-, sec-) System?

Antwort: Es ist

$$a = 2 \left[\frac{km}{\text{Min}^2}\right] = 2 \cdot \frac{100000}{60^2} \left[\frac{cm}{\text{sec}^2}\right] = 55{,}5 \left[\frac{cm}{\text{sec}^2}\right].$$

197) Wie gross ist die Kraft in den Einheiten *cm*, *gr*, sec, mit welcher ein 2,6 *kgr* schwerer Körper von der Erde angezogen wird?

Antwort: Mit Berücksichtigung der Definition und der Dimension der Kraft ist

$$f = 2{,}6 \left[\frac{kgr \times \text{Beschleunigung der Schwere in Metern}}{\text{sec}^2}\right] =$$

$$= 2{,}6 \times \frac{1000 \cdot 981}{1^2} \left[\frac{gr \cdot cm}{\text{sec}^2}\right] = 2550600 \left[\frac{gr \cdot cm}{\text{sec}^2}\right].$$

198) Eine gewisse Kraft giebt einer Masse von 5 *mgr* eine Beschleunigung von 72 *mm* in der Minute. Wie gross ist diese Kraft in *cm*, *gr*, sec?

Antwort: Wie in der vorigen Auflösung wird

$$f = \frac{5 \cdot 72}{1^2} \left[\frac{mgr \cdot mm}{\text{min}^2}\right] = \frac{5 \cdot 0{,}001 \times 72 \cdot 0{,}1}{1 \cdot 60^2} \left[\frac{gr \cdot cm}{\text{sec}^2}\right] =$$

$$= 0{,}00001 \left[\frac{gr \cdot cm}{\text{sec}^2}\right].$$

199) Ein Körper, welcher sich auf einer Fläche fortbewegen soll, findet an ihr einen Reibungswiderstand, welcher einem Gewicht von 1200 *gr* gleichkommt. Welche Arbeit in Kilogramm-Meter wird da aufgewendet, wenn sich der Körper um 40 *cm* verschiebt?

Antwort: Die Arbeit, als Produkt aus Kraft und Weg, hat die Dimension $\left[\frac{M \cdot L^2}{T^2}\right]$, und hat sonach im vorliegenden Fall den Werth

$$A = 1200 \cdot 40 \left[\frac{gr \cdot cm^2}{\text{sec}^2}\right] = 48000 \times \frac{0{,}001 \cdot (0{,}01)^2}{1^2} \left[\frac{kgr \cdot m^2}{\text{sec}^2}\right] =$$

$$= 0{,}0048 \left[\frac{kgr \cdot m^2}{\text{sec}^2}\right].$$

200) Eine gewisse Grösse kann durch N_1 Einheiten vom Werth n_1 ausgedrückt werden. Durch welche Anzahl Einheiten im Werth von n_2 kann sie dann ebenfalls ausgedrückt werden?

Antwort: Wenn man annimmt, die gesuchte Anzahl Einheiten sei N_2, so muss dann $N_2\,[n_2] = N_1\,[n_1]$ sein, woraus sich ergiebt, dass

$$N_2 = N_1\,\left[\frac{n_1}{n_2}\right].$$

Zweite Antwort: Nimmt man an, dass die fragliche Grösse in den Einheiten P, Q, R ausgedrückt werde, und dass dann die Grösse

$$X_1 = N_1\,(P^\alpha \cdot Q^\beta \cdot R^\gamma),$$

nimmt man ferner an, die neuen Einheiten p, q, r seien mit den alten durch die Beziehungen verbunden

$$P = a \cdot p; \qquad Q = b \cdot q; \qquad R = c \cdot r,$$

so ist die fragliche Grösse auch ausgedrückt durch

$$X = N_1\,[P^\alpha \cdot Q^\beta \cdot R^\gamma] = N_1\,(ap)^\alpha\,(bq)^\beta\,(cr)^\gamma =$$
$$= N_1\,a^\alpha \cdot b^\beta c^\gamma \cdot [p^\alpha \cdot q^\beta \cdot r^\gamma] = N_2\,[p^\alpha \cdot q^\beta \cdot r^\gamma].$$

Die neue Zahl N_2, durch welche die Grösse X in den neuen Einheiten ausgedrückt wird, wird somit erhalten, indem man die alte Zahl N_1 mit $a^\alpha \cdot b^\beta \cdot c^\gamma$ multiplicirt, d. h. mit dem Produkt der Potenzen derjenigen Zahlen, welche das Verhältniss der alten Einheiten zu den neuen Einheiten angeben.

201) Auf zwei gleichen Kugeln befinden sich gleiche Mengen entgegengesetzter Elektricität, so dass dieselben in einer Entfernung von 0,044 *m* mit der Kraft 625 Dyn auf einander einwirken. Wie gross muss die Menge der Elektricität auf einer Kugel sein, a) ausgedrückt in *E. S. E.* (*mgr*, *mm*, sec)? b) in *E. S. E.* (*cm*, *gr*, sec)?

Antwort: Nach dem Coulomb'schen Gesetz muss die Kraft $f = \dfrac{q^2}{e^2}$ sein; also müssen $625\text{ Dyn} = \dfrac{q^2}{(0{,}044\,m)^2}$. Daraus ergiebt sich

$$q = 0{,}044\,\sqrt{625}\ [\text{Meter} \cdot \text{Dyn}^{1/2}] =$$

$$= 0{,}044 \cdot 25\,\left\{\,1000\,^{mm} \cdot 1\,\right\}\left[\frac{cm^{3/2} \cdot gr^{1/2}}{\text{sec}}\right] =$$

$$= 1{,}1\,\left\{\,1000 \cdot \frac{10^{1/2} \cdot 1000^{1/2}}{1}\,\right\}\left[\frac{mgr^{1/2} \cdot mm^{3/2}}{\text{sec}}\right] \doteq 11 \cdot 10^4\,\left[\frac{mgr^{1/2} \cdot mm^{3/2}}{\text{sec}}\right].$$

Im anderen System wird

$$q = 11 \cdot 10^4 \times \frac{0{,}001^{1/2} \cdot 0{,}1^{3/2}}{1}\left[\frac{cm^{3/2} \cdot gr^{1/2}}{\text{sec}}\right] = 110\,\left[\frac{cm^{3/2} \cdot gr^{1/2}}{\text{sec}}\right].$$

202) Eine *E. S. E.* der Elektricitätsmenge im (cm-, gr-, sec-) System soll im (mgr-, mm-, sec-) System und im (m-, gr-, min-) System ausgedrückt werden.

Antwort: Es ist

$$q = 1 \left[\frac{gr^{3/2} \cdot cm^{1/2}}{sec}\right] = 1 \cdot \frac{1000^{3/2} \cdot 10^{1/2}}{1} \left[\frac{mm^{1/2} \cdot mgr^{3/2}}{sec}\right] =$$

$$= 10^5 \left[\frac{mm^{1/2} \cdot mgr^{3/2}}{sec}\right] \; E. \; S. \; E.,$$

sowie auch

$$q = 1 \left[\frac{gr^{3/2} \cdot cm^{1/2}}{sec}\right] = \frac{0{,}01^{1/2} \cdot 1^{3/2}}{^{1}/_{60}} \left[\frac{m^{1/2} \cdot gr^{3/2}}{min}\right] =$$

$$= 6 \; E. \; S. \; E. \; \left[\frac{m^{1/2} \cdot gr^{3/2}}{min}\right].$$

203) Eine *E. M. E.* der Elektricitätsmenge im (cm-, gr-, sec-) System soll im (mm-, mgr-, sec-) System und im (m-, gr-, min-) System ausgedrückt werden.

Antwort: Es ist für ersteres System

$$Q = 1 \; E. \; M. \; E. \left[\frac{cm^{1/2}}{gr^{1/2}}\right] = 1 \cdot \frac{10^{1/2}}{1000^{1/2}} \; E. \; M. \; E. \left[\frac{mm^{1/2}}{mgr^{1/2}}\right] =$$

$$= 0{,}1 \; E. \; M. \; E. \left[\frac{mm^{1/2}}{mgr^{1/2}}\right].$$

Für letzteres System ist

$$Q = 1 \; E. \; M. \; E. \left[\frac{cm^{1/2}}{gr^{1/2}}\right] = 1 \cdot \frac{100^{1/2}}{1^{1/2}} \; E. \; M. \; E. \left[\frac{m^{1/2}}{gr^{1/2}}\right] =$$

$$= 10 \; E. \; M. \; E. \left[\frac{m^{1/2}}{gr^{1/2}}\right].$$

204) Die elektromotorische Kraft eines Elementes ist $1555 \cdot 10^5$ *E. M. E.* im (cm-, gr-, sec-) System. Wie gross ist dieselbe im (mgr-, mm-, sec-) System?

Antwort: In Anbetracht, dass die Dimension der elektromotorischen Kraft $[L^{3/2} \cdot M^{1/2} \cdot T^{-2}]$ ist, erhält man für jene Anzahl Einheiten:

$$E = 1555 \cdot 10^5 \cdot \frac{10^{3/2} \cdot 1000^{1/2}}{1^2} \left[\frac{mm^{3/2} \cdot mgr^{1/2}}{sec^2}\right] =$$

$$= 15{,}55 \cdot 10^{10} \left[\frac{mm^{3/2} \cdot mgr^{1/2}}{sec^2}\right].$$

205) Die elektromotorische Kraft eines Daniell ist $1{,}122 \cdot 10^8$ *E. M. E.* im (*cm-*, *gr-*, sec-) System. Wie gross ist dieselbe im (*mm-*, *mgr-*, sec-) System?

Antwort: $E = 1{,}122 \cdot 10^8 \dfrac{10^{3/2} \cdot 1000^{1/2}}{1^2} \left[\dfrac{mm^{3/2} \cdot mgr^{1/2}}{\sec^2} \right] =$

$= 1{,}122 \cdot 10^{11} \; E.\ M.\ E. \left[\dfrac{mm^{3/2} \cdot mg^{1/2}}{\sec^2} \right].$

206) Ein Element hat eine elektromotorische Kraft von $0{,}057$ *E. S. E.* im (*cm-*, *gr-*, sec-) System; wie gross ist dieselbe im (*mm-*, *mgr-*, sec-) System?

Antwort: Die Dimension der elektromotorischen Kraft in elektrostatischen Einheiten ist $[L^{1/2} \cdot M^{1/2} \cdot T^{-1}]$, und dem entsprechend

$$E = 0{,}057 \times 10^{1/2} \cdot 1000^{1/2} \cdot 1^{-1} \left[\frac{mm^{1/2} \cdot mgr^{1/2}}{\sec} \right] =$$

$$= 5{,}7 \; E.\ S.\ E. \; [mm,\ mgr,\ \sec].$$

207) Die Capacität einer Leydner Flasche beträgt $C = 2{,}4 \cdot 10^{-9}$ *E. M. E.* im (*cm-*, *gr-*, sec-) System. Welche Zahl drückt dieselbe Grösse aus in elektromagnetischen Einheiten des (*mgr-*, *mm-*, sec-) Systems?

Antwort: Die Dimension der Capacität ist $[L]$, und daher

$$C = 2{,}4 \cdot 10^{-9} \, [cm] = 2{,}4 \cdot 10^{-9} \cdot 10 \, [mm] = 2{,}4 \cdot 10^{-8} \, [mm] \; E.\ M.\ E.$$

208) Die Capacität eines Condensators ist $12 \cdot 10^5$ *E. S. E.* (*cm, gr*, sec); wie gross ist dieselbe in *E. S. E.* (*km, gr*, sec)?

Antwort: $C = 12 \cdot 10^5 \, [cm] = 12 \cdot 10^5 \times 0{,}00001 \; E.\ S.\ E. \, [km]$
$= 12 \; E.\ S.\ E. \, [km].$

209) Eine gewisse Batterie giebt einen Strom von $11{,}2$ *E. S. E.* (*mm, mgr*, sec); wie stark ist dieser Strom in Einheiten (*cm, gr*, sec)? und wie gross in den Einheiten (*km, kgr*, Minute)?

Antwort: Da die Dimension der Strommenge im elektrostatischen System $[L^{3/2} M^{1/2} T^{-2}]$ ist, so ist die angegebene Grösse

$$J = 11{,}2 \; E.\ S.\ E. \, [mm^{3/2} \cdot mgr^{1/2} \cdot \sec^{-2}] =$$
$$= 11{,}2 \times 0{,}1^{3/2} \cdot 0{,}001^{1/2} \cdot 1^{-2} \; E.\ S.\ E. \, [cm^{3/2} gr^{1/2} \sec^{-2}] =$$
$$= 0{,}0112 \; E.\ S.\ E. \, [cm^{3/2} gr^{1/2} \sec^{-2}].$$

In ähnlicher Weise wird für die anderen Grundeinheiten

$$J = 0{,}4032 \cdot 10^{-7} \, [km^{3/2} \cdot kgr^{1/2} \cdot \mathrm{Min}^{-2}] \; E.\ S.\ E.$$

210) Ein Bunsenelement giebt einen Strom $J = 1{,}8$ *E. M. E.* (*cm*, *gr*, sec). Wie viel macht dies in *E. M. E.* (*mm*, *gr*, sec)? und wie viel in *E. M. E.* (*km*, *kgr*, Min)?

Antwort: Die Dimension der Stromstärke im elektromagnetischen System ist $[L^{1/2} M^{1/2} . T^{-1}]$, und demnach

$$J = 1{,}8 \; E. \; M. \; E. \; [cm^{1/2} gr^{1/2} \sec^{-1}] =$$
$$= 1{,}8 \times 10^{1/2} . 1000^{1/2} . 1^{-1} [mm^{1/2} mgr^{1/2} \sec^{-1}] =$$
$$= 180 \; E. \; M. \; E. \; (mm, \; mgr, \; \sec).$$

Durch denselben Gang erhält man

$$J = 0{,}0108 \; E. \; M. \; E. \; (km, \; kgr, \; \text{Min}).$$

211) Eine Telegraphenlinie hat einen Widerstand von $97{,}45 . 10^9$ *E. M. E.* (*cm*, *gr*, sec); wie viel macht dies aus in *E. M. E.* (*km*, *gr*, sec)?

Antwort: Da die Dimension des Widerstandes im *E. M. E.*-System $[L^1 T^{-1}]$ ist, so wird

$$R = 97{,}45 . 10^9 \; [cm^1 . \sec^{-1}] =$$
$$= 97{,}45 . 10^9 \times 0{,}00001 . 1^{-1} [km^{-1} . \sec^{-1}] =$$
$$= 97{,}45 . 10^4 \; E. \; M. \; E. \; (km, \; \sec).$$

212) Eine andere Telegraphenlinie hat einen Widerstand von $97{,}45 . 10^9$ *E. S. E.* (*cm*, *gr*, sec); wie viel macht dies in *E. S. E.* (*km*, sec, *kgr*)?

Antwort: Die Dimension des Widerstandes ist im elektrostatischen System $[L^{-1} . T^1]$, somit wird

$$R = 97{,}45 . 10^9 \; E. \; S. \; E. \; [cm^{-1} \sec^1] =$$
$$= 97{,}45 . 10^9 \times 0{,}00001^{-1} . 1^1 \; E. \; S. \; E. \; [km^{-1} . \sec^1] =$$
$$= 97{,}45 . 10^{14} \; E. \; S. \; E. \; (km, \; \sec).$$

213) Die Potentialdifferenz an den Polen eines Daniell'schen Elementes beträgt $0{,}00374$ *E. S. E.*; wie gross ist dieselbe in *E. M. E.*? und wie gross in praktischen Einheiten?

Antwort: Das Verhältniss der Einheiten im elektrostatischen System zu den Einheiten im elektromagnetischen System beträgt für die elektromotorische Kraft $3 . 10^{10}$. Demgemäss sind

$$0{,}00374 \; E. \; S. \; E. = 0{,}00374 \times 3 . 10^{10} \; E. \; M. \; E. = 1{,}112 . 10^8 \; E. \; M. \; E.$$

Ausserdem entsprechen 10^8 *E. M. E.* in absoluten Einheiten dem Volt in praktischen Einheiten, so dass die elektromotorische Kraft des Daniell-Elementes auch ausgedrückt wird durch **1,112 Volt.**

214) Ein Bunsenelement hat eine elektromotorische Kraft von $1{,}734 . 10^8$ *E. M. E.*; wie viel beträgt sie in *E. S. E.?* und wie viel in praktischen Einheiten?

Antwort: Durch Umformung erhält man der Reihe nach

$$1{,}734 . 10^8 \; E.\; M.\; E. = 1{,}734 \text{ Volts} = \frac{1{,}734 . 10^8}{3 . 10^{10}} \; E.\; S.\; E. =$$

$$= 0{,}578 . 10^{-2} \; E.\; S.\; E.$$

215) Wenn eine Säule von 200 Beetz'schen Trockenelementen eine elektromotorische Kraft von 210 Volt haben, wie viel hat sie in *E. M. E.?* und wie viel in *E. S. E.?*

Antwort: 210 Volt $= 2{,}1 . 10^{10} \; E.\; M.\; E. = 0{,}7 \; E.\; S.\; E.$

216) Auf einer Holtz'schen Maschine mit 30 *cm* Funkenlänge ist eine Spannung von 90000 Volt; wie viel macht dies in *E. S. E.* aus?

Antwort: $90000 \text{ Volt} = 90000 . 10^8 \; E.\; M.\; E. = \dfrac{9 . 10^{12}}{3 . 10^{10}}$

E. S. E. $= 300 \; E.\; S.\; E.$

217) Wenn 5 *mm* Funkenlänge 56 *E. S. E.* (*cm, gr,* sec) Potentialdifferenz entsprechen, wie viele Volt beträgt diese dann? Welche Potentialdifferenz entspricht dann einer Funkenlänge von 32 *cm*, wenn man voraussetzt, dass dieselbe an die Entfernung d durch die Beziehung $V^2 = c . d$ gebunden sei?

Antwort: Eine *E. S. E.* (*cm, gr,* sec) entspricht dem Werth von 300 Volt; sonach sind 56 *E. S. E.* $= 56 . 300 = 16800$ Volt $= 168 . 10^{10} \; E.\; M.\; E.$ (*cm, gr,* sec).

Damit die Funkenlänge aber 32 *cm* betrage, muss also die Bedingung erfüllt sein

$$V^2 = c . 32,$$

worin c sich aus

$$16800^2 = c . 0{,}5$$

bestimmt, so dass also $V = 134400$ Volt.

218) Ein Condensator (Berthoud, Borel & Cie) von 1,2 Microfarad Capacität wurde mit einer Elektricitätsquelle von 400 Volt geladen. Welche Elektricitätsmenge wird er aufnehmen a) in praktischen Einheiten, b) in *E. S. E.*, c) in *E. M. E.?*

Antwort: Die in praktischen Einheiten ausgedrückte Elektricitätsmenge erhält man aus der Beziehung $Q = C . V$, wenn die

Capacität, sowie die Potentialdifferenz ebenfalls in praktischen Einheiten ausgedrückt werden. Ihr zu Folge ist

$$Q = 0{,}0000012 \cdot 400 \text{ Coulomb} = 0{,}00048 \text{ Coulomb} =$$
$$= 0{,}00048 \times 3 \cdot 10^9 \ E.\ S.\ E. = 144 \cdot 10^4 \ E.\ S.\ E. =$$
$$= \frac{144 \cdot 10^4}{3 \cdot 10^{10}} \ E.\ M.\ E. = 0{,}000048 \ E.\ M.\ E.$$

219) Wie gross ist in *E. S. E.* und in *E. M. E.* die Capacität eines Condensators, welcher, in praktischen Einheiten ausgedrückt, die Capacität 1,2 Microfarad hat?

Antwort: Mit Benutzung der Definition des Farad und des Verhältnisses der Einheiten der Capacität im elektrostatischen und elektrodynamischen System erhält man

$$C = 1{,}2 \text{ Microfarad} = 1{,}2 \cdot 10^{-6} \text{ Farad} =$$
$$= 1{,}2 \cdot 10^{-6} \times 10^{-9} \ E.\ M.\ E. = 1{,}2 \cdot 10^{-15} \ E.\ M.\ E. =$$
$$= 1{,}2 \cdot 10^{-15} \times 9 \cdot 10^{20} \ E.\ S.\ E. =$$
$$= 10{,}8 \cdot 10^5 \ E.\ S.\ E. = 1080000 \ E.\ S.\ E.$$

220) Wie gross ist die Capacität der Erde nach Einheiten jedes der drei Systeme?

Antwort: Da die Capacität der Erde als einer Kugel ihrem Halbmesser gleich ist, insofern man im elektrostatischen System bleibt, so ergiebt sich

$$C = \frac{4 \cdot 10^9}{2\,\pi} \ [cm] = \frac{4 \cdot 10^9}{2\,\pi} \ E.\ S.\ E. = 6{,}36 \cdot 10^8 \ E.\ S.\ E. =$$
$$= \frac{6{,}36 \cdot 10^8}{(3 \cdot 10^{10})^2} \ E.\ M.\ E. = 0{,}707 \cdot 10^{-12} \ E.\ M.\ E. =$$
$$= 0{,}707 \cdot 10^{-12} \times 10^9 \text{ Farad} =$$
$$= 0{,}000707 \text{ Farad} = 707{,}07 \text{ Microfarad}.$$

221) Ein Conduktor ist mit $\frac{1}{3}$ Coulomb geladen; wie gross ist diese Ladung in *E. S. E.*? und wie gross in *E. M. E.*?

Antwort: Es ist 1 Coulomb $= 3 \cdot 10^9 \ E.\ S.\ E.$, also $\frac{1}{3}$ Coulomb $= 1000000000 \ E.\ S.\ E.$

Ferner ist 1 Coulomb $= 0{,}1 \ E.\ M.\ E.$, also $\frac{1}{3}$ Coulomb $= \frac{1}{30} \ E.\ M.\ E.$

222) Wie viele Coulomb sind 2739 $E.\ S.\ E.$?

Antwort: 2739 $E.\ S.\ E. = \dfrac{2739}{3 \cdot 10^9}$ Coulomb $= 9{,}13 \cdot 10^{-7}$ Coulomb.

223) Wie viele Coulomb sind 856 $E.\ M.\ E.$?

Antwort: 856 $E.\ M.\ E. = \dfrac{856}{10^{-1}}$ Coulomb $= 8560$ Coulomb.

224) Wie gross ist die Capacität eines Conduktors in $E.\ S.\ E.$ und in $E.\ M.\ E.$, wenn dieselbe zu 0,54 Microfarad angegeben ist?

Antwort: Da nach Definition des Farad dieser $= 9 \cdot 10^{11}$ $E.\ S.\ E. = 10^{-9}$ $E.\ M.\ E.$, so sind 0,54 Microfarad $= 54 \cdot 10^{-8}$ Farad $= 486000$ $E.\ S.\ E. = 5{,}4 \cdot 10^{-17}$ $E.\ M.\ E.$

225) Die Capacität eines Conduktors ergab sich unter gewissen Umständen zu $1566 \cdot 10^3$ $E.\ S.\ E.$, während dieselbe unter anderen Umständen sich zu $0{,}75 \cdot 10^{-11}$ $E.\ M.\ E.$ ergab. Wie viel beträgt dieselbe im einen und im anderen Fall in praktischen Einheiten?

Antwort: Es sind $1566 \cdot 10^3$ $E.\ S.\ E. = \dfrac{1566 \cdot 10^3 \times 10^6}{9 \cdot 10^{11}}$ Microfarad $= 1{,}74$ Microfarad. — Ferner sind $0{,}75 \cdot 10^{-11}$ $E.\ M.\ E.$ $= \dfrac{0{,}75 \cdot 10^{-11}}{10^{-9}}$ Farad $= 0{,}0075$ Farad.

226) Wie viele Volt machen 1 $E.\ S.\ E.$ aus?

Antwort: Nach Definition des Volt ist dieser $= \dfrac{1}{3 \cdot 10^2}$ $E.\ S.\ E.$, demnach ist   1 $E.\ S.\ E. = 300$ Volt.

X. Die Stromstärke.

a. Messung der Stromstärke durch chemische Wirkung.

227) Vier hintereinander geschaltete Daniell'sche Elemente haben 0,458 gr Kupfer in 36 Stunden niederschlagen können; wie stark muss der Strom gewesen sein?

Antwort: Da ein Ampère in der Stunde 1,191 gr niederzuschlagen vermag, so muss der gesuchte Strom $\dfrac{0{,}458}{36 \cdot 1{,}191}$ Ampère $= 0{,}0107$ Ampère betragen haben.

228) Eine Dynamomaschine giebt einen Strom von 23 Ampères; wie viel Silber kann derselbe in der Minute abscheiden?

Antwort: Nach Tafel VI giebt ein Ampère 4,082 *gr* Silber in der Stunde; obiger Strom wird daher $\frac{23}{60} \cdot 4{,}082 = 1{,}565$ *gr* Silber niederschlagen.

229) Eine Dynamomaschine hat eine elektromotorische Kraft von 120 Volt. Welche Wassermenge kann dieselbe in der Minute zerlegen, wenn der äussere Stromkreis einen Widerstand von einem Ohm hat?

Antwort: Nach dem Ohm'schen Gesetz erhält man die Stromstärke als Quotienten aus elektromotorischer Kraft und Widerstand. Diese ist demnach 120 Ampère. Da ferner das Gewicht des zerlegten Wassers 9 mal grösser ist als dasjenige des Wasserstoffs, so muss das gesuchte Wassergewicht

$$120 \cdot 0{,}000014 \cdot 9 \cdot 60 = 0{,}674 \ gr$$

ausmachen.

230) Ein nach Reynier gebauter Accumulator No. II wurde vollständig geladen und dann durch ein Wasservoltameter entladen. Wie gross muss die angehäufte Elektricitätsmenge gewesen sein, wenn 25 Liter Knallgas erzeugt wurden?

Antwort: Jeder Coulomb erzeugt 0,1764 *cm*³ Knallgas, daher waren zur Erzeugung von 25 Liter Gas

$$\frac{25\,000}{0{,}1764} \text{ Coulomb} = 141\,723 \text{ Coulomb}$$

nothwendig. Da ferner eine Ampère-Stunde = 3600 Ampère-Sekunden = 3600 Coulomb ist, so kann jene Elektricitätsmenge auch durch

$$\frac{141\,723}{3600} \text{ Ampère-Stunden} = 39{,}5 \text{ Ampère-Stunden}$$

ausgedrückt werden.

231) Welcher Strom ist nöthig, um in einer Sekunde das chemische Aequivalent Silber (108 *gr*) niederzuschlagen?

Antwort: Das elektrochemische Aequivalent des Silbers ist 0,001118 *gr*, das von J Ampère in der Sekunde niedergeschlagene

Silber wiegt demnach $p = 0{,}001118 \cdot J$ gr. Dieses Gewicht soll nach der Aufgabe 108 gr betragen; daher muss

$$J = \frac{108}{0{,}001118} = 96\,500 \text{ Ampère sein.}$$

232) Nachdem eine einzige Zelle eines Epstein'schen Accumulators vollständig geladen war, konnten in einem Silberbad 163,3 gr Silber niedergeschlagen werden. Wie gross war a) in *E. M. E.*, b) in praktischen Einheiten die Capacität der Zelle?

Antwort: Die aus der Zelle geflossene Strommenge muss $\frac{163{,}3}{4{,}082} = 40$ Ampère-Stunden betragen haben, oder $40 \cdot 3600$ Coulomb $= 144\,000$ Coulomb $= 14\,400$ *E. M. E.*

233) Ein Plattencondensator von 3 Microfarad Capacität wurde mit einer Batterie von 300 Volt Spannung geladen. Die Entladung geschah durch ein Wasservoltameter. Wie viel Gas wurde dabei entwickelt?

Antwort: Der Condensator kann die Menge $Q = C \cdot V$ aufnehmen, also

$$Q = 3 \cdot 9 \cdot 10^5 \times \frac{300}{3 \cdot 10^2} \; E.\; S.\; E. = 27 \cdot 10^5 \; E.\; S.\; E. =$$

$$= \frac{27 \cdot 10^5}{3 \cdot 10^9} \text{ Coulomb} = 0{,}0009 \text{ Coulomb.}$$

Diese Elektricitätsmenge entwickelt aber

$$0{,}0009 \cdot 0{,}1764 \; cm^3 = 0{,}000159 \; cm^3 = 0{,}16 \; mm^3 \text{ Gas.}$$

234) Ein gewisser Strom zerlegt 0,5 gr Wasser in einer Minute; wie stark ist er?

Antwort: Dem Gewicht nach besteht das Wasser aus $\frac{1}{9}$ Wasserstoff und $\frac{8}{9}$ Sauerstoff. Der gesuchte Strom zerlegt 0,5 gr Wasser oder $\frac{1}{9} \cdot 0{,}5$ $gr = 0{,}0556$ gr Wasserstoff. Da ein Ampère in der Sekunde $104 \cdot 10^{-7}$ gr H entwickelt, so muss der Strom die Stärke von

$$0{,}0556 \cdot \frac{1}{60 \cdot 0{,}0000104} \text{ Ampère} = 89 \text{ Ampère}$$

haben.

235) In einem Wasservoltameter hat man nach Verfluss von 80 Minuten 30 cm^3 Wasserstoff aufgefangen; der Barometerstand war 735 mm, die Temperatur 15⁰. Wie stark war der Strom?

Antwort: Das in der Aufgabe gegebene Wasserstoffvolumen beträgt, auf Null Grad und 760 mm Druck bezogen,

$$30 \cdot \frac{0{,}0896 \ [(735 - 1{,}93) - 12{,}67]}{(1 + 0{,}003670 \cdot 15) \cdot 760} = 26{,}954 \ mgr.$$

Da ein Coulomb 0,0105 mgr Wasserstoff erzeugt, so müssen $\frac{26{,}954}{0{,}0105}$ Coulomb durch das Voltameter gegangen sein. In einer Sekunde ist somit ein Strom von

$$\frac{26{,}954}{0{,}0105 \cdot 80 \cdot 60} \ \text{Coulomb-Sekunden} = 0{,}5348 \ \text{Ampère} =$$

$$= 0{,}05348 \ E. \ M. \ E.$$

durch das Voltameter geflossen.

236) Bei einer Temperatur von 12⁰ und einem Druck von 725 mm wurden in einem Wasservoltameter in 5 Minuten 18 cm^3 Gas entwickelt; wie stark war der Strom?

Antwort: Die Wasserstoffmenge ist $\frac{2}{3}$ der Gasmenge, somit wurden

$$\frac{2}{3} \cdot 18 \cdot \frac{0{,}0896 \ [(725 - 1{,}51) - 10{,}43]}{(1 + 0{,}003670 - 12) \cdot 760} = 10{,}785 \ mgr$$

Wasserstoff entwickelt, und diese verlangen einen Strom von

$$J = \frac{10{,}785}{0{,}0105 \cdot 300} = 3{,}424 \ \text{Ampère}.$$

b. Messung der Stromstärke mit der Tangentenbussole.

237) Wie gross ist der Werth des Kräftepaares, welches der Erdmagnetismus mit einer Magnetnadel bestimmt, deren Poldistanz 3 cm und deren Pole $\frac{1}{2}$ $E. \ M. \ E.$ magnetischer Masse enthalten?

Antwort: Für Mitteleuropa beträgt die Kraft, mit welcher der Erdmagnetismus auf einen Pol mit der Einheit der Masse wirkt, 0,2 Dyn; der Arm des Paares beträgt 3 cm, somit ist das Moment

$$M = 0{,}2 \cdot 3 \cdot \frac{1}{2} = 0{,}3 \ E. \ M. \ E.$$

238) Eine Tangentenbussole hat einen einzigen kreisförmigen Drath von 17 *cm* Radius und eine Magnetnadel von 2,4 *cm* Länge und 0,5 Einheiten magnetischer Masse. Welches Drehungsmoment bestimmt in ihr ein Strom von 1,5 Ampère?

Antwort: Die auf den Magnetpol wirkende Kraft hat den Betrag von

$$\frac{2\,\pi\,.\,17\,.\,0{,}5}{17^2} \times \frac{1{,}5}{10}\ \text{Dyn},$$

und einen Hebelarm von 2,4 *cm* Länge. Das Drehungsmoment hat somit den Werth

$$M = 2{,}4\,.\,\frac{2\,\pi\,.\,0{,}5\,.\,1{,}5}{170} = 0{,}066\ \left[\frac{cm^2\,.\,gr}{sec^2}\right].$$

239) Wie gross ist das Drehungsmoment in der vorletzten Aufgabe, wenn die Nadel mit dem magnetischen Meridian bezüglich die Winkel 90^0 oder 30^0, oder 0^0 bildet?

Antwort: Es wird bezüglich $M_1 = 0{,}3\,.\,\sin 90^0 = 0{,}3$; $M_2 = 0{,}3\,.\,\sin 30^0 = 0{,}15$; $M_3 = 0{,}3\,.\,\sin 0^0 = 0$.

240) Welchen Werth nimmt das Drehungsmoment im Falle der Aufgabe 237 an, wenn die Nadel um 90^0, um 60^0, um 0^0 abgelenkt ist?

Antwort: Das Moment wird bezüglich $M_1 = 0{,}066\,.\,\cos 90^0 = 0$; $M_2 = 0{,}066\,.\,\cos 60^0 = 0{,}033$; $M_3 = 0{,}066\,.\,\cos 0^0 = 0{,}066$.

241) Für welchen Winkel erhalten die Drehungsmomente in den Fällen der Aufgaben 236 und 237 denselben Werth?

Antwort: Wenn α den unbekannten Winkel bezeichnet, und man durch ihn die beiden Momente ausdrückt, so muss

$$0{,}066\,\cos \alpha = 0{,}3\,\sin \alpha$$

sein, und daher $\tan \alpha = 0{,}22$; also $\alpha = 12^0\ 24'\ 26''$.

242) Auf einer Tangentenbussole sind 32 Windungen von 17 *cm* mittlerem Halbmesser, und eine Magnetnadel von 3 *cm* Poldistanz und 0,5 Einheit magnetischer Masse. Wie gross ist das Drehungsmoment, wenn ein Strom von 0,425 Ampère durchfliesst?

Antwort: Als Produkt aus wirkender Kraft in Polabstand ist das Drehungsmoment

$$M = \frac{2\,\pi\,.\,17\,.\,32\,.\,0{,}5}{17^2}\,.\,\frac{0{,}425}{10} \times 3 = 0{,}3768\ \left[\frac{cm^2\,.\,gr}{sec^2}\right].$$

243) Auf einen kreisförmigen Rahmen von 12 *cm* Halbmesser sind 32 Windungen eines Drathes aufgetragen; in seiner Mitte ist eine Nadel, welche 0,5 magnetische Einheiten enthält. Wie gross ist die Constante dieser Tangentenbussole?

Antwort: Aus der allgemeinen Form für die Constante der Tangentenbussole ergiebt sich für vorliegenden Fall, dass

$$C = \frac{h\,r}{2\,\pi\,n} = \frac{0{,}2 \cdot 12}{2 \cdot \pi \cdot 32} = 0{,}0119.$$

244) Welchen Radius r und welche Anzahl von Windungen n muss eine Tangentenbussole haben, damit die Stromstärke J genau gleich der Tangente des Ablenkungswinkels sei?

Antwort: Damit $J = \operatorname{tang} \alpha$ sei, muss der constante Faktor

$$\frac{h\,r}{2\,\pi\,n} = 1 \text{ sein, oder}$$

$$n = \frac{0{,}2}{2\,\pi}\, r = 0{,}03181 \cdot r$$

und demnach für

$$n = 1;\ 2;\ 3;\ \ldots$$

der Radius

$$r = 31{,}4\ cm;\ 62{,}8\ cm;\ 94{,}2\ cm;\ \ldots$$

245) In welchem Sinne ändert sich die Empfindlichkeit einer Tangentenbussole, wenn der Magnetismus der Nadel verstärkt wird? und welchen Einfluss hat diese Verstärkung auf die Ablenkung der Nadel?

Antwort: Die Anzahl der magnetischen Einheiten geht nicht in die Formel für die Tangentenbussole ein; eine Verstärkung der Magnetisirung der Nadel würde also die Ablenkung der Nadel nicht beeinflussen. Nichtsdestoweniger würden durch eine Verstärkung der Nadel beide Drehmomente zunehmen, aber beide im nämlichen Verhältniss und deswegen die Empfindlichkeit des Instrumentes dieselbe bleiben.

246) Ein gewisses Daniell'sches Element bewirkt eine Ablenkung von 23⁰ an der Nadel einer Tangentenbussole, während ein anderes Daniell'sches Element mit demselben äusseren Stromkreis eine Ablenkung der Nadel um 49⁰ bewirkt. In welchem Verhältniss stehen die zwei Stromstärken? und woher kann ein solcher Unterschied in den Stromstärken rühren?

Antwort: Da beide Ströme durch Daniell'sche Elemente hervorgerufen werden, so ist die elektromotorische Kraft, und also die Potentialdifferenz in beiden Fällen dieselbe; da auch die äusseren Stromkreise dieselben sind, so kann die verschiedene Stromstärke nur noch von einem geänderten inneren Widerstand herrühren. Um den Strom stärker werden zu lassen, muss der Widerstand kleiner, also die Ausdehnung der wirksamen Flächen grösser oder ihre Entfernung kleiner sein.

Das gesuchte Verhältniss beträgt

$$\frac{J_1}{J_2} = \frac{\text{tang } \alpha_1}{\text{tang } \alpha_2} = \frac{\text{tang } 23^0}{\text{tang } 49^0} = 0{,}369.$$

247) In denselben Stromkreis sind hintereinander eine Batterie, eine Tangentenbussole und ein Voltameter eingeschaltet. Während 30 Minuten konnte die Nadel der Bussole beständig auf 23^0 erhalten werden und dabei wurden 1,234 *gr* Silber niedergeschlagen. Wie gross ergiebt sich hieraus die Constante dieser Tangentenbussole?

Antwort: Es sei x die gesuchte Constante und J die benutzte Stromstärke, dann verlangt die Tangentenbussole, dass

$$J = x \, . \, \text{tang } 23^0$$

sei. Andererseits giebt die Kenntniss des elektrochemischen Aequivalentes des Silbers (4,082 *gr* für jede Ampère-Stunde), dass

$$J \, . \, \frac{1}{2} \, . \, 4{,}082 \ gr = 1{,}234 \ gr$$

sein muss. Durch Elimination der Grösse J aus beiden Gleichungen ergiebt sich

$$x = 1{,}4277.$$

248) In einer Tangentenbussole, deren Ring einen Halbmesser von R *cm* hat, befindet sich die Magnetnadel ausserhalb der Ringebene, aber senkrecht zu ihr und um l *cm* von der Mitte entfernt. Wie gross ist die Constante dieser Bussole? Wie gross muss l sein, damit die Empfindlichkeit nur $\dfrac{1}{n}$ betrage, bei unveränderter Grösse des Radius R?

Antwort: Es bezeichne M die Anzahl magnetischer Masseneinheiten im excentrisch gelegenen Pol, ϱ seine Entfernung von den Elementen des Stromkreises, J die Intensität des durchfliessenden Stromes und α die dadurch bewirkte Ablenkung der Magnetnadel aus dem Meridian. Dann ist die Kraft, mit welcher der Strom auf die Nadel wirkt, ausgedrückt durch

$$\frac{2\,\pi\,R\,.\,M\,.\,J}{\varrho^2}.$$

Diese Kraft ist die Summe der elementaren Kräfte, welche von den Stromelementen herrühren, welch' letztere auf der Richtung Stromelement-Pol senkrecht steht. Betrachtet man je die zwei Stromelemente, welche auf demselben Durchmesser liegen, und zerlegt ihre Kräfte in eine zur Kreisebene senkrechte und eine zur Kreisebene parallele Componente, so sieht man, dass letztere sich heben und nur erstere sich summiren. Ihr Werth ist je das Produkt aus der zwischen Stromelement und Pol ausgeübten Kraft und dem Richtungscosinus $\frac{R}{\varrho}$. Wenn man diese Kraft mit dem $\cos\,\alpha$ multiplicirt, so erhält man das Drehungsmoment des Stromkreises zu

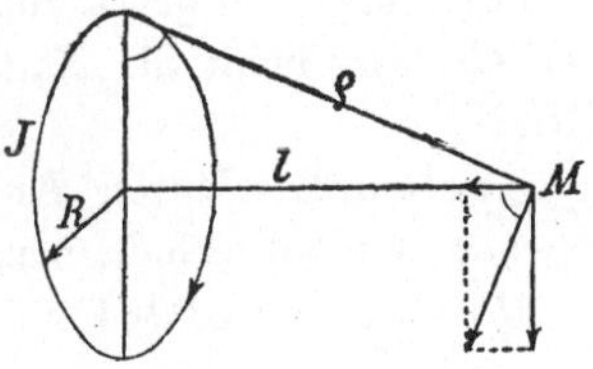

$$\frac{2\,\pi\,R\,M\,J}{\varrho^2}\,.\,\frac{R}{\varrho}\,.\,\cos\,\alpha,$$

und dieses muss dem vom Erdmagnetismus erzeugten Drehmoment $M\,H\,\sin\,\alpha$ das Gleichgewicht halten, so dass

$$\frac{2\,\pi\,R^2\,M\,J}{\varrho^3}\,\cos\,\alpha = M\,H\,\sin\,\alpha.$$

Hieraus wird

$$J = \frac{\varrho^3}{2\,\pi\,R^2}\,H\,\tan\,\alpha,$$

und die gesuchte Constante der Tangentenbussole ist

$$C = \frac{(\sqrt{l^2 + R^2})^3}{2\,\pi\,.\,R^2}\,.\,H.$$

Die Antwort auf die zweite Frage ergiebt sich aus der Bemerkung, dass für $l = 0$ die Stromstärke gegeben wird durch

$$J = \frac{H\,R}{2\,\pi}\,\tan\,\alpha.$$

Wenn dieselbe Stromstärke von einer Bussole angegeben wird, deren Empfindlichkeit n mal kleiner, so muss für diese

$$J = n \,\frac{(l^2 + R^2)^{3/2}}{2\,\pi\,R^2}\; H \,.\, \text{tang}\; \alpha$$

sein, und also auch

$$\frac{H\,R}{2\,\pi}\; \text{tang}\; \alpha = n \,\frac{(\sqrt{l^2 + R^2})^2}{2\,\pi\,R^2}\,.\,H\,.\,\text{tang}\; \alpha.$$

Hieraus ergiebt sich durch Auflösung nach l, dass

$$l = R \,\frac{\sqrt{1 - \sqrt[3]{n}}}{\sqrt[3]{n}}.$$

249) Man hat eine Tangentenbussole, deren Constante den Werth $C = 0{,}50$ hat; wie gross müssen, in *E. M. E.* ausgedrückt, die Stromstärken sein, damit die Nadel um 1^0, um 2^0, um 3^0, ... abgelenkt wird?

Antwort: Durch Auflösen der Tangentenformel für die gegebenen Winkel erhält man $J_1 = 0{,}0088$ *E. M. E.*; $J_2 = 0{,}0176$ *E. M. E.*; $J_3 = 0{,}0264$ *E. M. E.*; ...

250) Eine gewisse constante Batterie lenkt die Nadel einer Tangentenbussole um 35^0 ab. Durch Einschalten eines cylindrischen, sehr rasch drehenden Stromunterbrechers sank die Ablenkung auf $28^0\,30'$. Wie gross muss das Verhältniss der Breiten der leitenden zu den Breiten der nichtleitenden Stücke sein?

Antwort: Die abgegebenen oder durchgelassenen Strommengen verhalten sich wie die Breiten der genannten Stücke des Unterbrechers. Anderseits verhalten sich die Strommengen wie die mittleren Stromstärken, also wie die Tangenten der Ablenkungswinkel. Daraus ergiebt sich die Proportion

$$l_1 : l_2 = \text{tg}\; 35^0 : \text{tg}\; 28^0\,30',$$

woraus

$$\frac{l_1}{l_2} = 1{,}29.$$

c. Messung der Stromstärke mit der Sinusbussole.

251) Wie gross ist die Constante einer Sinusbussole, bei welcher 24 Windungen auf einen kreisförmigen Rahmen von 14 *cm* Durchmesser aufgetragen sind?

Antwort: Die Constante hat die allgemeine Form

$$C = \frac{r\,H}{2\,\pi\,n}, \quad \text{daher ist} \quad C = \frac{7\,.\,0{,}2}{2\,\pi\,.\,24} = 0{,}0093.$$

252) Eine Sinusbussole mit 32 Windungen und 12 *cm* Halbmesser hat eine Nadel, welche 0,6 *E. M. E.* magnetischer Masse enthält und um 24^0 abgelenkt wurde. Wie stark war der Strom, welcher diese Drehung des Rahmens erforderte?

Antwort: Derselbe ergiebt sich aus

$$J = \frac{r\,H}{2\,\pi\,n}\,\sin\alpha \quad \text{zu} \quad J = \frac{12\,.\,0{,}2}{2\,\pi\,.\,32}\,\sin 24^0 = 0{,}004855 \; \text{\textit{E. M. E.}}$$

253) Wie stark ist der Strom, den man höchstens noch mit der Bussole voriger Aufgabe messen kann?

Antwort: Da der Natur der Sache nach die Stromstärke nur ein positiver Werth sein kann, so ist der höchste für genannte Bussole zulässige Werth der Stromstärke erreicht, wenn $\sin\alpha = 1$, also J der Constanten der Bussole gleich ist. Daraus ergiebt sich, dass höchstens

$$J = \frac{r\,H}{2\,\pi\,n} = \frac{7\,.\,0{,}2}{2\,\pi\,.\,24} \; \textit{E. M. E.} = 0{,}00928 \; \textit{E. M. E.}$$

sein kann.

254) Wie viele Windungen darf eine Sinusbussole höchstens haben, wenn der Radius der Windungen nicht unter 5 *cm* gehen darf, und wenn man doch Ströme bis zur Intensität von 1 Ampère messen will?

Antwort: Es darf, allgemein ausgedrückt, höchstens

$$J \; \text{Ampère} = J\,.\,10^{-1} \; \textit{E. M. E.} = \frac{r\,.\,H}{2\,\pi\,n} \; \textit{E. M. E.}$$

sein; und daraus ergiebt sich im vorliegenden Fall als maximale Anzahl von Windungen $n = 1{,}5$; d. h. praktisch eine Windung.

255) Man will zwei Sinusbussolen bauen, von welchen die eine 1 Windung und die andere 12 Windungen haben soll, und von welchen die erstere zur Messung von Strömen bis zu 1 Ampère, die letztere von Strömen bis zu 0,02 Ampère dienen soll. Wie gross müssen die bezüglichen Durchmesser sein?

Antwort: Im ersten Fall darf höchstens 0,1 *E. M. E.* $=$ $\dfrac{x \cdot 0,2}{2\,\pi\,1}$, also $x = 3{,}14$ *cm*, oder der Durchmesser 6,28 *cm* betragen. Im zweiten Fall aber nur höchstens 0,75 *cm*.

256) Die Constante einer Sinusbussole hat den Werth $C =$ 0,0098. Welche Stromstärken geben dann Ablenkungen von 1⁰, von 2⁰, von 3⁰, ..., von 10⁰, von 20⁰, von 30⁰, ...?

Antwort: Durch Auflösung der Beziehungen $J = 0{,}0098 \sin \alpha$ für die angegebenen Werthe von α wird

$$J_1 = 0{,}000171; \quad J_2 = 0{,}000342; \quad J_3 = 0{,}000513; \ldots \ldots$$

$$J_{10} = 0{,}001702; \quad J_{20} = 0{,}003352; \quad J_{30} = 0{,}00490 \; E.\ M.\ E.; \ldots$$

XI. Der Widerstand.

a. Der Einfluss von Länge und Dicke.

257) Der Widerstand eines 32 *km* langen Telegraphendrathes beträgt 250 Ohm; wie gross ist dann der Widerstand einer Linie von 7,2 *km* Länge, welche aus demselben Drath hergestellt wird?

Antwort: Bei im Uebrigen unveränderten Verhältnissen sind die Widerstände den Längen proportional, und verhält sich daher

$$32 \; km : 7{,}2 \; km = 250 \text{ Ohm} : x \text{ Ohm,}$$

woraus $x = 56{,}25$ Ohm.

258) Ein Kupferdrath von 1000 *m* Länge und 1 *mm* Dicke hat 20,57 Ohm Widerstand. Wie lang muss dieser Drath sein, damit sein Widerstand 0,11 Ohm betrage?

Antwort: Aus der Proportion

$$20{,}57 \text{ Ohm} : 0{,}11 \text{ Ohm} = 1000 : x$$

ergiebt sich $x = 5{,}35$ *m*.

259) Wenn der Widerstand von 32 *km* eines 4 *mm* dicken Telegraphendrathes 250 Ohm beträgt, welchen Widerstand würde dann ein 2 *mm* dicker Drath derselben Länge haben?

Antwort: Die Widerstände sind den Querschnitten umgekehrt proportional und daher gilt

$$250 \text{ Ohm} : x \text{ Ohm} = 2^2 : 4^2,$$

woraus $x = 1000$ Ohm.

260) Ein Zinkdrath von 1 *mm* Durchmesser und 50 *m* Länge hat 3,622 Ohm Widerstand; wie dick ist dann ein Zinkdrath derselben Länge, welcher 36,22 Ohm Widerstand hat?

Antwort: Aus der Proportion

$$3{,}622 \text{ Ohm} : 36{,}22 \text{ Ohm} = x^2 : 1^2$$

ergiebt sich $x = 0{,}3162$ *mm.*

261) Wie findet man den Widerstand eines Nickeldrathes von 200 *m* Länge und 0,125 *mm* Dicke, wenn man weiss, dass 1,5 *km* eines 2 *mm* dicken Drathes 60,15 Ohm Widerstand haben?

Antwort: Der Widerstand eines Drathes ist seiner Länge direkt und seinem Querschnitt umgekehrt proportional, also gilt, wenn c_1 und c_2 Constante bedeuten,

$$R_1 = c\,\frac{l_1}{s_1} = c_1 \cdot \frac{l_1}{d_1{}^2}; \quad \text{und} \quad R_2 = c_2 \cdot \frac{l_2}{d_2{}^2}.$$

Für Dräthe gleicher Art ist $c_1 = c_2$, und daher das Verhältniss beider Widerstände

$$\frac{R_1}{R_2} = \frac{l_1}{l_2} \cdot \frac{d_2{}^2}{d_1{}^2},$$

woraus

$$R_2 = R_1 \cdot \frac{l_1}{l_2}\left(\frac{d_2}{d_1}\right)^2 = 60{,}15 \cdot \frac{200}{1500} \cdot \left(\frac{2}{0{,}125}\right)^2 = 2053{,}12 \text{ Ohm.}$$

262) Zwei Messingdräthe sollen gleichen Widerstand haben. Der eine ist 0,5 *m* lang und 0,75 *mm* dick; der andere ist 18 *m* lang. Wie dick muss dieser sein?

Antwort: Indem man die Formel der vorigen Aufgabe nach d_2 löst, bekommt man, da $R_1 = R_2$ bedungen ist,

$$d_2 = d_1 \sqrt{\frac{R_1\,l_2}{R_2\,l_1}} = 0{,}75 \sqrt{\frac{18}{0{,}5}} = 4{,}5 \; mm.$$

263) Von zwei Platindräthen hat der eine 70 *m* Länge und 1,2 *mm* Dicke, der andere 0,3 *mm* Dicke und nur halb so grossen Widerstand als der erstere. Wie lang muss er sein?

Antwort: Dieselbe, nach l_2 aufgelöste Formel giebt

$$l_2 = l_1 \cdot \frac{R_2}{R_1}\left(\frac{d_2}{d_1}\right)^2 = 70 \cdot \frac{2}{1}\left(\frac{0{,}3}{1{,}2}\right)^2 = 8{,}75 \; m.$$

264) Wie gross ist der Widerstand einer 80 *km* langen Telegraphenlinie, welche aus 4 *mm* dickem Eisendrath hergestellt ist?

Antwort: Nach dem Begriff des specifischen Widerstandes und nach Definition des Ohm haben 106 *cm* Eisendrath von 1 *mm²* Querschnitt einen Widerstand von $\dfrac{1}{7,8}$ Ohm. Der 4 *mm* dicke Drath hat einen Querschnitt von $\pi\, 2^2$ *mm²* $= 12,56$ *mm²*, so dass für 1 *cm* Länge ein Widerstand von

$$\frac{1}{7,8} \cdot \frac{1}{106} \cdot \frac{1}{12,56}\ \text{Ohm}$$

entfällt. Die 80 *km* Drath haben somit einen Widerstand von

$$R = \frac{1}{7,8} \cdot \frac{1}{106} \cdot \frac{1}{12,56} \cdot 8\,000\,000\ \text{Ohm} = 773,7\ \text{Ohm}.$$

265) Das atlantische Kabel vom Jahr 1866 hat eine Länge von 3000 *km* und eine Kupferseele von 5 *mm* Dicke. Wie gross ist dessen Widerstand?

Antwort: Aehnlich wie soeben erhält man $R = 2468,4$ Ohm.

266) Die Spulen eines Morseapparates tragen 23500 *m* Kupferdrath von 1 *mm* Dicke; wie gross ist der Widerstand dieser Spulen?

Antwort: $R = \dfrac{1}{55,86} \cdot \dfrac{100}{106} \cdot \dfrac{1}{\pi\left(\dfrac{1}{2}\right)^2} \cdot 23\,500$ Ohm $= 505$ Ohm.

267) Ein gewisses Kabel hat eine Kupferseele von 2 *mm* Durchmesser, eine isolirende Schicht von 6 *mm* äusserem Durchmesser, eine Bleihülle von 10 *mm* äusserem Durchmesser, und 1 *km* Länge. Welchen Widerstand hat die Seele, und welchen die Bleihülle?

Antwort: Für die Seele ist $R = 5,3$ Ohm; für die Hülle $R' = 3,9$ Ohm.

268) Im Jahr 1854 hat M. Hipp ein Kabel von 6,4 *km* in den Vierwaldstätter See gelegt, dessen Eisenseele 0,35 *cm* dick war, dessen isolirende Hülle 0,9 *cm* äusseren Durchmesser hatte, und dessen Schutzhülle aus spiralförmig aufgewundenen Eisenbändern bestand. Dadurch stieg der äussere Durchmesser des Kabels auf 1,1 *cm*. Wie gross war der Widerstand der Seele, und wie gross derjenige der Schutzhülle, wenn diese als dicht schliessend angenommen wird?

Antwort: $R = 65,35$ Ohm; $R' = 20,01$ Ohm.

269) Der auf eine Induktionsspule aufgewickelte dünnere Drath ist 0,2 *mm* dick und hat 100000 Ohm Widerstand. Wie lang ist dieser Kupferdrath?

Antwort: $l = 280896$ *m*.

270) Auf den Spulen der Elektromagnete einer Dynamomaschine ist Drath von 0,8 *mm* Dicke aufgewickelt, bis der Gesammtwiderstand 20 Ohm betrug. Wie lang und wie schwer muss dieser Drath sein?

Antwort: Die Länge ergiebt sich, wie bei den früheren Aufgaben, zu $l = 597$ *m*. — Sein Gewicht wird danach

$$59\,700 \cdot \pi \cdot 0{,}0016 \cdot 8{,}94 = 2682 \ gr.$$

271) Eine Tangentenbussole mit einer Windung von 2,4 *cm* Durchmesser hat einen Widerstand von 0,01 Ohm. Wie gross ist der Querschnitt des Drathes?

Antwort: Aus der Beziehung

$$0{,}01 \ \text{Ohm} = \frac{1}{55{,}86} \cdot \frac{100}{106} \cdot \frac{1}{x} \, 0{,}24 \, \pi$$

ergiebt sich $x = 0{,}13$ *mm²*.

272) Wie gross ist der Widerstand des Quecksilbers, welches in einer Röhre von 56 *cm* Länge und 14 *mm* innerem Durchmesser enthalten ist?

Antwort: Dieser Widerstand ist

$$R = \frac{1}{106} \cdot 56 \cdot \frac{1}{\pi \, 72} = 0{,}0034 \ \text{Ohm}.$$

b. Der Einfluss der Natur des Leiters.

273) Wie gross ist der Widerstand eines Drathes aus Antimon, Eisen, Kupfer, Silber, Zink, von denen jeder 106 *cm* lang ist und 1 *mm²* Querschnitt hat?

Antwort: Mit Benutzung der Tafel VIII für die Leitungsfähigkeit ergeben sich als Widerstand für Antimon $= \dfrac{1}{2{,}05}$ Ohm $=$ 0,478 Ohm; für Eisen $= \dfrac{1}{9{,}68}$ Ohm $=$ 0,103 Ohm; für Silber $= \dfrac{1}{63{,}80}$ Ohm $=$ 0,0156 Ohm; für Kupfer $= \dfrac{1}{55{,}86}$ Ohm $=$ 0,0179 Ohm; für Zink $= \dfrac{1}{16{,}64}$ Ohm $=$ 0,0601 Ohm.

274) In welchem Verhältniss ändert sich der Widerstand einer Telegraphenlinie, wenn man das Eisen durch gleich dickes Kupfer ersetzt?

Antwort: Dieses Verhältniss ist demjenigen der Leitungsfähigkeiten der betreffenden Metalle umgekehrt gleich, also

$$9{,}685 : 55{,}86 = 0{,}174.$$

275) Es liegen drei Thermoelemente vor, welche aus gleich dicken Dräthen gebildet sind. Das erste besteht aus Nickel-Kupfer, das zweite aus Gold-Silber, das dritte aus Platin-Eisen. Das zu zweit genannte Metall hat ausserdem dreifache Länge von derjenigen des zuerst genannten. Wie verhalten sich die Leitungsfähigkeiten dieser drei Elemente unter einander?

Antwort: Bezeichnet p einen von der Länge und Form der Thermoelemente abhängigen Proportionalitätsfaktor, so sind die Leitungsfähigkeiten bezüglich

für Nickel-Kupfer . $\quad p \cdot 3 \cdot 55{,}86 \ + p \cdot 1 \cdot \ \ 7{,}374 = p \cdot 174{,}954$

„ Gold-Silber . . $\quad p \cdot 3 \cdot 62{,}12 \ + p \cdot 1 \cdot 44{,}06 \ = p \cdot 230{,}42$

„ Platin-Gold . . $\quad p \cdot 3 \cdot \ \ 7{,}861 + p \cdot 1 \cdot \ \ 6{,}073 = p \cdot \ \ 29{,}656.$

Die drei Leitungsfähigkeiten verhalten sich sonach wie

$$35 : 46 : 6.$$

276) Man will einen 4 *mm* dicken eisernen Telegraphendrath durch einen Drath aus Siliciumbronze ersetzen, dessen Leitungsfähigkeit 40 mal grösser ist als diejenige des Quecksilbers. Wie gross muss sein Durchmesser genommen werden, wenn man denselben Widerstand beibehalten will?

Antwort: Da Länge und Widerstand dieselben bleiben sollen so müssen sich die Querschnitte umgekehrt wie die Leitungsfähigkeiten verhalten, also

$$Q_e : Q_b = L_b : L_e = \pi\, 2^2 : \pi\, x^2 = 40 : 7{,}86,$$

woraus $x = 0{,}88$ *mm*, und der Durchmesser $2\,x = 1{,}76$ *mm*.

c. Der Einfluss von Länge, Dicke und Natur.

277) Wie gross ist der Widerstand eines Eisendrathes von 1 *m* Länge und 2 *mm* Durchmesser?

Antwort: Nach Tafel VIII ist der specifische Widerstand des Eisens 0,1251, d. h. dass ein Eisendrath von 1 *m* Länge und 1 *mm*

Durchmesser 0,1251 Ohm Widerstand hat. Dieselbe Länge eines Eisendrathes von 2 *mm* Durchmesser hat vierfachen Querschnitt und somit einen Widerstand von $R = \dfrac{1}{4} \cdot 0{,}1251$ Ohm $= 0{,}0313$ Ohm.

278) Wie gross ist der Widerstand eines Eisendrathes von 1525 *m* Länge und 3 *mm* Durchmesser?

Antwort: $R = 1525 \times \dfrac{1}{3^2} \times 0{,}1251$ Ohm $= 21{,}14$ Ohm.

279) Ein Kupferdrath hat 1 *mm* Durchmesser und 0,02057 Ohm Widerstand; wie lang ist er?

Antwort: Nach Tafel VIII muss seine Länge gleich 1 *m* sein.

280) Ein Kupferdrath von 5 *mm* Durchmesser hat 0,02057 Ohm Widerstand; wie lang ist derselbe?

Antwort: Ein Kupferdrath von 1 *mm* Durchmesser und dem gegebenen Widerstand hätte 1 *m* Länge. Ein 5 mal dickerer Drath hat 25 fachen Querschnitt, sein Widerstand ist also nur der gleiche, wenn seine Länge 25 mal grösser, also $l = 25$ *m* ist.

281) Wie lang muss der Kupferdrath sein, dessen Widerstand 0,02057 Ohm und dessen Dicke 0,1 *mm* beträgt?

Antwort: $l = 1$ *cm*.

282) Wenn der Widerstand von 1 *cm*³ Blei 19,85 Microhm beträgt, wie gross ist dann der Widerstand eines Bleidrathes von 1 *m* Länge und 1 *mm*² Querschnitt?

Antwort: Nach einer früheren Aufgabe besteht zwischen den Constanten zweier gleichartiger Leiter die Beziehung

$$R_2 = R_1 \frac{l_2}{l_1} \left(\frac{q_1}{q_2}\right), \text{ woraus } R_2 = 19{,}85 \cdot \frac{100}{1} \cdot \left(\frac{100}{1}\right) \text{ Microhm } =$$
$$= 0{,}1985 \text{ Ohm.}$$

283) Der specifische Widerstand des Aluminiums ist $2945 \cdot 10^6$ *E. M. E.* (*cm, gr, sec*); wie gross ist dann der Widerstand eines solchen Drathes von 30 *mm* Durchmesser und 0,3 *cm* Länge?

Antwort: $R = 2945 \cdot 10^6 \times \dfrac{0{,}3}{1} \times \dfrac{1}{\left(\dfrac{3}{2}\right)^2 \pi}$ *E. M. E.* $=$

$= 0{,}125 \cdot 10^9$ *E. M. E.* $= 0{,}125$ Ohm.

284) Ein Eisendrath hat 3 mm^2 Querschnitt und denselben Widerstand wie ein Kupferdrath von 1000 m Länge und 0,5 mm^2 Querschnitt. Wie lang ist der Eisendrath, wenn man annimmt, dass Kupfer 7 mal besser leite als Eisen?

Antwort: Die Widerstände $R_1 = \dfrac{l_1}{\varrho_1\, q_1}$ und $R_2 = \dfrac{l_2}{\varrho_2\, q_2}$ sollen gleich sein. Daraus folgt

$$\frac{l_1}{\varrho_1\, q_1} = \frac{l_2}{\varrho_2\, q_2},$$

und somit

$$l_1 = l_2 \cdot \frac{\varrho_2}{\varrho_1} \cdot \frac{q_1}{q_2} = 1000 \cdot \frac{\frac{1}{7}}{2} \cdot \frac{3}{\frac{1}{2}} = 857\ m.$$

285) Ein Kupferdrath von 3,6 m Länge und 1,20 gr Gewicht hat 1,12 Ohm Widerstand; wie gross ist dann ein 25 cm langer und 0,80 gr schwerer Kupferdrath?

Antwort: Es seien g_1 und g_2 die Gewichte der zwei Dräthe, deren Längen und Querschnitte bezüglich l_1 und l_2, sowie q_1 und q_2 sind; dann bestehen die Beziehungen

$$\frac{g_1}{g_2} = \frac{l_1\, q_1}{l_2\, q_2} \quad \text{und} \quad \frac{q_1}{q_2} = \frac{l_2\, g_1}{l_1\, g_2}.$$

Wenn man letzteres Verhältniss in die allgemeine Beziehung

$$\frac{R_1}{R_2} = \frac{c_1\, l_1\, q_2}{c_2\, l_2\, q_1}$$

einsetzt, und bedenkt, dass $c_1 = c_2$ ist, so erhält man

$$R_1 = R_2 \left(\frac{l_1}{l_2}\right)^2 \frac{g_2}{g_1} = 1,12 \left(\frac{25}{360}\right)^2 \cdot \frac{1,20}{0,80} = 0,008\ \text{Ohm}.$$

286) Ein chemisch reiner Kupferdrath von 1 m Länge und 1 gr Gewicht hat 0,1469 Ohm Widerstand, während ein 4 m langer und 0,88 gr schwerer Drath aus käuflichem Kupfer 2,814 Ohm Widerstand hat. Wie verhalten sich die Leitungsfähigkeiten dieser beiden Kupfersorten?

Antwort: Wenn der zweite Drath ebenfalls aus reinem Kupfer hergestellt wäre, so hätte er den Widerstand von

$$R_2 = R_1 \left(\frac{l_2}{l_1}\right)^2 \cdot \frac{g_1}{g_2} = 0,1469 \left(\frac{4}{1}\right)^2 \cdot \frac{1}{0,88} = 2,671\ \text{Ohm}.$$

Die Leitungsfähigkeit des Drathes aus käuflichem Kupfer ist somit

$$k = \frac{2{,}671}{2{,}814} = 94{,}9 \%.$$

287) Ein erster Kupferdrath ist 263 *cm* lang, wiegt 5,21 *gr* und hat 0,2250 Ohm Widerstand; ein zweiter ist 176 *cm* lang, wiegt 4,44 *gr* und hat 0,1145 Ohm Widerstand. Wie verhalten sich deren Leitungsfähigkeiten zu derjenigen des reinen Kupfers, und wie unter einander?

Antwort: Wenn die beiden Dräthe aus reinem Kupfer beständen, so müssten dieselben bezüglich die Widerstände

$$0{,}1469 \cdot \left(\frac{263}{100}\right)^2 \cdot \frac{1}{5{,}21} = 0{,}1950 \text{ Ohm und } 0{,}1469 \left(\frac{176}{100}\right)^2 \cdot \frac{1}{4{,}44} =$$
$$= 0{,}1025 \text{ Ohm}$$

haben. Daraus ergiebt sich für deren Leitungsfähigkeiten bezüglich

$$k = \frac{0{,}1950}{0{,}2250} = 86{,}68 \% \quad \text{und} \quad k = \frac{0{,}1025}{0{,}1145} = 89{,}51 \%.$$

Deren relative Leitungsfähigkeit beträgt dann aber

$$k' = \frac{0{,}1025}{0{,}1950} = 96{,}8 \%.$$

288) Ein 4 *mm* dicker Eisendrath wiegt 82,32 *kgr* für jedes Kilometer Länge; sein kilometrischer Widerstand beträgt 13,24 Ohm. Wie verhält sich hiernach seine Leitungsfähigkeit zu derjenigen des reinen Kupfers?

Antwort: Jedes Kilometer Kupferdrath von 4 *mm* Dicke hat einen Widerstand von

$$R = 0{,}02104 \cdot 1000 \cdot \frac{1}{4^2} = 1{,}315 \text{ Ohm.}$$

Da das Eisen einen solchen von 13,24 Ohm hat, so ist das Verhältniss der beiden Leitungsfähigkeiten

$$\frac{131{,}5}{13{,}24} = 9{,}91.$$

289) Der Widerstand eines gewissen Kupferdrathes von 2,5 *mm* Durchmesser beträgt 5,3 Ohm; wie lang muss er demnach sein?

Antwort: Nach Tafel VIII hat ein Kupferdrath von 1 *m* Länge und 1 *mm* Durchmesser einen Widerstand von 0,02057 Ohm. Der Drath von 2,5 *mm* Durchmesser hat somit $\frac{4}{25}$. 0,02057 Ohm Widerstand auf jedes Meter. Damit der Drath 5,3 Ohm Widerstand habe, muss er eine Länge haben von

$$5,3 \cdot \frac{25}{4 \cdot 0,02057} \, m = 1610 \, m.$$

290) Ein Platindrath von 1 *m* Länge hat 0,1166 Ohm Widerstand; wie dick ist er?

Antwort: Nach Tafel VIII muss derselbe 1 *mm* dick sein.

291) Ein Platindrath von 16 *m* Länge hat 0,1166 Ohm Widerstand; wie dick ist er?

Antwort: Ein 16 *m* langer Platindrath von 1 *mm* Dicke hat 16 . 0,1166 Ohm Widerstand; wenn der Drath aber x *mm* Dicke hat, so wird sein Widerstand x^2 mal kleiner, muss dann aber nach der Aufgabe 0,1166 Ohm betragen. Aus dieser Gleichheit

$$\frac{16 \cdot 0,1166}{x^2} \, \text{Ohm} = 0,1166 \, \text{Ohm}$$

ergiebt sich, dass $x = 4$ *mm*.

292) Der Widerstand eines Platindrathes beträgt 1,36 Ohm, seine Länge 35 *cm*; wie gross ist sein Durchmesser?

Antwort: Indem man den Widerstand des Drathes in zweifacher Weise ausdrückt, wird

$$\frac{0,35 \cdot 0,1166}{x^2} = 1,36,$$

woraus $d = 0,173$ *mm*.

293) Wie lang ist ein Kupferdrath, dessen Durchmesser 0,6 *mm* und dessen Widerstand demjenigen eines Eisendrathes von 1525 *m* Länge und 3 *mm* Dicke gleich ist?

Antwort: Der Widerstand des Eisendrathes beträgt $\frac{1525 \cdot 0,1251}{9}$ Ohm. Wenn der Kupferdrath x *m* lang ist, so muss dann

$$\frac{x \cdot 0,02057}{0,6^2} \, \text{Ohm} = \frac{1525 \cdot 0,1251}{9} \, \text{Ohm}$$

sein, und somit $x = 371$ *m*.

294) Ein Zinnstreifen von 21 *cm* Länge und 0,02 *cm* Dicke soll in einen Stromkreis eingeschaltet werden, um in diesem einen Widerstand von 10 Ohm zu erzeugen. Welche Breite muss derselbe haben?

Antwort: Indem man den Widerstand des Blechstreifens von x *cm* Breite ausdrückt, erhält man

$$10 \text{ Ohm} = \frac{1}{8,24} \cdot \frac{100}{106} \cdot \frac{21}{0,2\,x \cdot 100} \text{ Ohm},$$

woraus $x = 0,012$ *mm*.

295) Wie gross ist der Widerstand eines Kohlenfadens von 9 *cm* Länge und 0,04 *cm* Dicke, 1) in kaltem Zustand (15°), und 2) in heissem Zustand (900°)?

Antwort: Mit Berücksichtigung des Temperaturcoefficienten 0,0003 der Kohle wird der Widerstand bezüglich

$$R = \frac{1}{0,02\,(1 + 0,0003 \cdot 15)} \cdot \frac{100}{106} \cdot \frac{1}{\pi\,0,2^2} \cdot \frac{9}{100} \text{ Ohm} = 33,6 \text{ Ohm},$$

$$R' = \frac{1}{0,02\,(1 + 0,0003 \cdot 900)} \cdot \frac{100}{106} \cdot \frac{1}{\pi\,0,2^2} \cdot \frac{9}{100} \text{ Ohm} = 26,6 \text{ Ohm}.$$

296) Eine Siemens'sche Glühlampe A hat kalt einen Widerstand von 60 Ohm; der Kohlenfaden ist 12 *cm* lang. Wie gross muss der Querschnitt der Kohle sein?

Antwort: Durch Gleichsetzung der Widerstände ergiebt sich

$$60 \text{ Ohm} = \frac{1}{0,02\,(1 + 0,0003 \cdot 15)} \cdot \frac{100}{106} \cdot \frac{1}{x} \cdot \frac{12}{100},$$

woraus $x = 0,09$ *mm²*.

297) Wie lang muss der Kohlenfaden in einer Siemens'schen Lampe A sein, damit ihr Widerstand nur 3 Ohm betrage?

Antwort: Aus voriger Aufgabe und mit den Bemerkungen, dass der Querschnitt des Fadens unverändert bleibt, sowie dass der Widerstand der Länge des Fadens proportional gesetzt werden kann, ergiebt sich

$$12 \text{ cm} : x \text{ cm} = 60 \text{ Ohm} : 3 \text{ Ohm},$$

somit ist $x = 0,6$ *cm*.

298) Zur Herstellung von Hülfswiderständen will man Eisendrath von 4 *mm*, von 3 *mm* und von 2 *mm* Durchmesser benutzen.

Welche Drathlänge entspricht in jedem dieser Fälle dem Widerstand von 1 Ohm?

Antwort: 110,6 *m*; 62,2 *m*; 27,6 *m*.

299) Wie gross ist die Leitungsfähigkeit des Zinn in absoluten Einheiten, wenn sie 9,874 mal grösser ist als diejenige des reinen Quecksilbers und wenn die Einheit der Leitungsfähigkeit des Quecksilbers $1,060 . 10^{-5}$ *E. M. E.* beträgt?

Antwort: Da das Verhältniss der Leitungsfähigkeiten der beiden Körper gegeben ist, so wird für Zinn

$$k = 9{,}874 \times 1{,}060 . 10^{-5} = 10{,}465 . 10^{-5} \; E. \; M. \; E. \; \left[\frac{cm}{sec}\right].$$

300) Das Kupfersulfat hat in Bezug auf das Quecksilber eine Leitungsfähigkeit von 0,000003. Wie gross ist dessen absolute Leitungsfähigkeit?

Antwort: $k = 0{,}000003 \times 1{,}060 . 10^{-5} = 3{,}18 . 10^{-11}$.

301) Ein Platindrath von 44 *cm* Länge und 2 *mm* Durchmesser liegt vor. Man wünscht dessen Leitungsfähigkeit in absoluten Einheiten zu kennen, sowie seinen Widerstand in Ohm.

Antwort: Nimmt man an, das Platin leite 8,26 mal besser als Quecksilber, so muss Platin eine Leitungsfähigkeit von $8{,}755 . 10^{-5}$ *E. M. E.* haben. Der vorgelegte Drath hätte also die Leitungsfähigkeit

$$L = 8{,}755 . 10^{-5} . \frac{1}{44} . \pi \, 0{,}1^2 = 0{,}6253 . 10^{-7} \; E. \; M. \; E. \; \left[\frac{sec}{cm}\right].$$

Derselbe Drath hat dann einen Widerstand von

$$R = \frac{1}{8{,}26} \cdot \frac{100}{106} \cdot 44 \cdot \frac{1}{\pi \, 1^2} = 1{,}6 \; \text{Ohm}.$$

302) Die absolute Leitungsfähigkeit des Wismuths ist $0{,}84 . 10^{-5}$ *E. M. E.*; wie gross muss dieselbe sein im Vergleich zum Quecksilber?

Antwort: Da ein Ohm nach Definition den Widerstand einer 106 *cm* langen Quecksilbersäule von 1 *mm²* Querschnitt bezeichnet, oder anderseits auch 10^9 *E. M. E.* des Widerstandes gleich sein soll, so muss ein Würfel von 1 *cm* Seite einen Widerstand von $\dfrac{10^9}{106 . 100}$, oder eine Leitungsfähigkeit von $\dfrac{106 . 100}{10^9} = 1{,}06 . 10^{-5}$

E. M. E. haben. Vergleicht man diese mit derjenigen des Wismuths, so wird

$$\frac{L}{L'} = \frac{0{,}84 \cdot 10^{-5}}{1{,}06 \cdot 10^{-5}} = 0{,}792.$$

303) In einem Minotto'schen Element haben die Zink- und die Kupferscheibe einen Durchmesser von 12 *cm* und stehen um 8 *cm* von einander ab. Wenn man nun annimmt, die Kupfersulfatlösung hätte einen specifischen Widerstand von $1{,}95 \cdot 10^{10}$ *E. M. E.*; wie gross ist dann der Widerstand des Elementes?

Antwort: Die Flüssigkeitssäule hat einen Querschnitt von $\pi \left(\dfrac{12}{2}\right)^2$ *cm²*, und eine Länge von 8 *cm*, somit einen Widerstand von

$$\frac{1{,}95 \cdot 10^{10} \times 8}{\pi \cdot 36} \; E. \; M. \; E. = 1{,}38 \cdot 10^9 \; E. \; M. \; E. = 1{,}38 \; \text{Ohm}.$$

304) Ein Cylinder mit kreisförmigen, leitenden Grundflächen von 10 *cm* Durchmesser und nichtleitender Mantelfläche enthält auf 20 $\%$ verdünnte Schwefelsäure. Wie weit müssen die Grundflächen von einander abstehen, damit die Flüssigkeit 1 Ohm Widerstand hat?

Antwort: Nach Tafel IX hat 20 $\%$ Schwefelsäure einen specifischen Widerstand von $1{,}44 \cdot 10^9$ *E. M. E.*, oder 1,44 Ohm per *cm³*. Da der Querschnitt 25π *cm²* und die Länge x *cm* beträgt, so muss

$$\frac{1{,}44 \cdot x}{25 \pi} = 1 \; \text{Ohm}$$

sein, woraus folgt, dass $x = 7{,}5$ *cm*.

305) Die Kupferdräthe auf den Magnetschenkeln einer Dynamomaschine haben bei 15^0 einen Widerstand von 26,23 Ohm. Wie gross wird der Widerstand bei 40^0?

Antwort: Unter Zugrundelegung der Matthiess'schen Ergebnisse muss der gesuchte Widerstand

$$R = 26{,}23 \, (1 + 0{,}0038240 \cdot 25 + 0{,}0000012060 \cdot 25^2) = 28{,}748 \; \text{Ohm}$$

sein.

306) Die Ringe einer Gramme'schen Maschine haben in kaltem Zustand 38 Ohm Widerstand und warm 45 Ohm. Um wie viel ist hiernach die Temperatur des Kupfers gestiegen?

Antwort: Da die Beziehung statthaben muss

$$45 \text{ Ohm} = 38 \, (1 + 0{,}003824 \cdot x + 0{,}000001260 \, x^2) \text{ Ohm},$$

so folgt, dass $x = 47^0$ Celsius.

307) Ein Kupferdrath von 9 *m* Länge und 18 *gr* Gewicht hat einen Widerstand von 0,700 Ohm bei der Temperatur von 15^0. Welchen Grad von Reinheit, oder welche specifische Leitungsfähigkeit besitzt dieser Drath?

Antwort: Nach Tafel VIII hat ein Drath aus reinem Kupfer von 1 *m* Länge, 1 *gr* Gewicht bei 15^0 den Widerstand von 0,1469 Ohm. Ein Drath von 1 *m* und 18 *gr* hätte sonach 0,07345 Ohm Widerstand, und der Drath von 9 *m* Länge hätte $9 \cdot 0{,}07345 = 0{,}6611$ Ohm Widerstand. — Die specifische Leitungsfähigkeit ergiebt sich aus der Proportion

$$0{,}700 : 0{,}661 = 100 : x$$

als zu $x = 94{,}4 \, \%$.

308) Wie gross ist der Widerstand einer Quecksilbersäule von 1 *m* Länge und 1 *gr* Gewicht?

Antwort: Der Durchmesser der genannten Quecksilbersäule ergiebt sich aus

$$\pi \left(\frac{d}{2}\right)^2 100 \cdot 13{,}59 \, gr = 1 \, gr$$

zu $d = 0{,}035 \, cm$. Da aber 1 cm^3 Quecksilber $99{,}74 \cdot 10^{-6}$ Ohm Widerstand hat, so ist der gesuchte Widerstand

$$99{,}74 \cdot 10^{-6} \cdot 100 \, \frac{1}{\pi \left(\frac{d}{2}\right)^2} = 99{,}74 \cdot 10^{-6} \cdot 100 \cdot (100 \cdot 13{,}59) =$$
$$= 13{,}06 \text{ Ohm}.$$

309) Wie gross ist der Widerstand einer Säule von 100 *cm* Länge, 1 *gr* Gewicht, ϱ *E. M. E.* Widerstand und der Dichte δ?

Antwort: Der Halbmesser der Säule ergiebt sich aus

$$\pi \, r^2 \, 100 \cdot \delta \, gr = 1 \, gr,$$

und der Widerstand aus

$$R = \varrho \cdot 100 \cdot \frac{1}{\pi \, r^2}.$$

Wenn man aus beiden Beziehungen r eliminirt, so wird

$$R = 10^4 \, \delta \varrho \ E. \ M. \ E. = 10^{-5} \, \delta \varrho \ \text{Ohm}.$$

310) Ein Bunsenelement von 20 *cm* Höhe hat einen inneren Widerstand von $R_i = 0{,}05$ Ohm. Wie gross wird somit der ungefähre Widerstand eines 13 *cm* hohen und eines 35 *cm* hohen Bunsenelementes sein? Welche grösste Stromstärken vermögen diese Elemente zu liefern?

Antwort: Man kann die Elemente alle als einander geometrisch ähnlich ansehen. Dann verhalten sich ihre Querschnitte, ihre Zink- und Kohlenflächen, sowie ihre inneren Widerstände wie die Quadrate der Höhen. Man hat somit

$$R_1 : R_2 : R_3 = 0{,}05 : \left(\frac{20}{13}\right)^2 \cdot 0{,}05 : \left(\frac{20}{35}\right)^2 \cdot 0{,}05 =$$
$$= 0{,}05 : 0{,}12 : 0{,}016 \text{ Ohm.}$$

Da für alle Elemente die elektromotorische Kraft 1,8 Volt beträgt, so werden für einen unbedeutenden äusseren Widerstand nach dem Ohm'schen Gesetz die Maximalstromstärken bezüglich (theoretisch)

$$J_1 = \frac{1{,}8}{0{,}05} = 36 \text{ Ampère;} \quad J_2 = 15 \text{ Ampère;} \quad J_3 = 112 \text{ Ampère.}$$

311) Ein Daniell'sches Element von 15 *cm* Höhe hat einen inneren Widerstand von 0,61 Ohm; wie gross ist dann der Widerstand eines 3 *cm* hohen Elementes? Welche Stromstärken geben diese Elemente in einem Stromkreis, dessen äusserer Widerstand zu vernachlässigen ist?.

Antwort: $R_2 = 15{,}2$ Ohm. — $J_1 = 1{,}64$ Ampère; $J_2 = 0{,}06$ Ampère.

XII. Die elektromotorische Kraft.

a. Ihr Maass mit den Bussolen.

312) In einen Stromkreis, welcher eine Tangentenbussole enthält, schaltet man zwei Elemente ein, deren elektromotorische Kräfte zu vergleichen sind. Die Elemente werden das eine Mal im nämlichen Sinn, das andere Mal in umgekehrtem Sinn eingeschaltet. Wie kann man dadurch E_1 durch E_2 ausdrücken?

Antwort: Wenn die Elemente im nämlichen Sinn eingeschaltet werden, so ist

$$R \cdot J_1 = E_1 + E_2,$$

worin R den Gesammtwiderstand und J_1 die abgelesene Stromstärke bedeuten. Bei entgegengesetzter Schaltung wird

$$R \cdot J_2 = E_1 - E_2.$$

Durch Elimination von R ergiebt sich

$$E_1 = E_2 \cdot \frac{J_1 + J_2}{J_1 - J_2}.$$

Wenn man statt der Intensitäten die abgelesenen Winkel einführt, so wird

$$E_1 = E_2 \cdot \frac{\text{tg } \alpha_1 + \text{tg } \alpha_2}{\text{tg } \alpha_1 - \text{tg } \alpha_2} = E_2 \cdot \frac{\sin (\alpha_1 + \alpha_2)}{\sin (\alpha_1 - \alpha_2)}.$$

313) Ein Bunsenelement, ein Daniellelement und eine Tangentenbussole wurden in denselben Kreis eingeschaltet. Bei gleicher Richtung der Elemente gab die Bussole einen Ausschlag von $\alpha_2 = 34^0$; bei entgegengesetzter aber $\alpha_1 = 11^0$. Wie gross ist die elektromotorische Kraft des Bunsenelementes?

Antwort: $E_B = E_D \cdot \dfrac{\sin (34 + 11)}{\sin (34 - 11)} = 1{,}81 \; E_D.$

314) In einem Stromkreis war kein Strom, wenn 14 hintereinander geschalteten Daniellelementen 11 hintereinander geschaltete Leclanchéelemente entgegengesetzt waren. Wie müssen sich demnach die elektromotorischen Kräfte der beiden Elemente verhalten?

Antwort: $E_D : E_L = 11 : 14.$

b. Ihr Maass mit dem Condensator.

315) Man will die elektromotorischen Kräfte zweier Elemente mit Hülfe eines Condensators vergleichen und ladet diesen deshalb mit jedem der beiden Elemente je so, dass ein Pol des Elementes und eine Belegung des Condensators an die Erde gelegt sind. Die Entladungen des Condensators durch ein empfindliches Galvanometer geben im einen Fall 2^0 und im anderen Fall 6^0 Ausschlag. Wie verhalten sich demnach die elektromotorischen Kräfte?

Antwort: Die im Condensator aufgespeicherten Elektricitätsmengen sind in den beiden Fällen

$$Q_1 = C \cdot V_1 \quad \text{und} \quad Q_2 = C \cdot V_2.$$

Hieraus folgt $Q_1 : Q_2 = V_1 : V_2$, oder $= E_1 : E_2.$

Anderseits leitet man auch die Beziehung ab

$$Q_1 : Q_2 = \sin \frac{a_1}{2} : \sin \frac{a_2}{2},$$

so dass aus beiden dann folgt, dass

$$E_1 : E_2 = \sin 1^0 : \sin 3^0, \quad \text{also} \quad E_2 = 3\,E_1.$$

316) Ein Condensator wurde mit einem Normal-Daniell geladen $(E = 11{,}42 \cdot 10^{10}\ E.\ M.\ E.)$ und durch ein Galvanometer entladen. Der Ausschlag betrug $3^0\ 20'$. Wie gross muss die elektromotorische Kraft eines anderen Elementes sein, wenn man mit ihm eine Ablenkung von $5^0\ 34'$ erreicht?

Antwort: $E : 11{,}42 \cdot 10^{10} = \sin \dfrac{3^0\ 20'}{2} : \sin \dfrac{5^0\ 34'}{2}$; somit $E = 17{,}33 \cdot 10^{10}\ E.\ M.\ E.$

317) Ein Spiegelgalvanometer, welches zur Messung elektromotorischer Kräfte dienen sollte, wurde mit einem Normal-Daniell geaicht. Die aus dem Condensator entfliessende Elektricitätsmenge bewirkte eine Ablenkung von 216 *mm*, wenn die Skala um 300 *cm* vom Spiegel entfernt war. Wie gross ist die Galvanometerconstante?

Antwort: Die Ablenkung des Spiegels nach Graden ergiebt sich aus $\text{tang}\ 2\,u = \dfrac{216}{3000}$ zu $2\,u = 4^0\ 7'\ 44''$. Da die elektromotorische Kraft mit diesem Winkel durch die Beziehung

$$E = A \cdot \sin \frac{u}{2}$$

verbunden ist, so muss

$$11{,}42 \cdot 10^{10} = A \cdot \sin 1^0\ 1'\ 56''$$

sein, oder also $A = 6{,}401 \cdot 10^{12}$.

XIII. Die Ladungsfähigkeit.

318) Nachdem ein Condensator geladen, wurde der eine seiner Pole an die Erde gelegt, der andere Pol aber mit einem Stromkreis verbunden, welcher der Reihe nach einen Stromunterbrecher, einen Widerstand von $15 \cdot 10^7$ Ohm und ein sehr empfindliches Spiegelgalvanometer enthielt. Der Strom wurde von Sekunde zu Sekunde kurz geschlossen und dadurch Ablenkungen erzielt, welche den

Stromstärken $77,2 \cdot 10^{-8}$ Ampère, $68,3 \cdot 10^{-8}$ Ampère, $59,4 \cdot 10^{-8}$ Ampère, $50,5 \cdot 10^{-8}$ Ampère entsprachen. Wie gross war die Capacität des Condensators?

Antwort: Da der grosse eingeschaltete Widerstand die Wirkung hat, das logarithmische Dekrement der Entladungsstromstärken constant zu erhalten und dasselbe der Zeit und dem Potential proportional, der Ladung Q und dem Widerstand R umgekehrt proportional zu erhalten, so ist das logarithmische Dekrement

$$\delta = \frac{t \cdot V}{Q \cdot R}.$$

Anderseits ist $Q = C \cdot V$, so dass man durch Elimination von $\frac{V}{Q}$ sofort

$$C = \frac{t}{\delta \cdot R} = \frac{1}{(\log 6,83 - \log 5,94) \times 15 \cdot 10^7} = 1,0996 \cdot 10^{-6} \text{ Farad}$$

erhält.

319) Mit derselben Säule von 62 Daniell'schen Elementen hat man unter genauer Einhaltung gleicher Zeiten erst einen Condensator von 1,330 Microfarad Capacität und sodann eine Batterie von Leydner Flaschen geladen; die andere Belegung und der andere Pol des Condensators waren indessen an die Erde gelegt. Durch Entladung dieser Sammelapparate erhielt man an einem sehr empfindlichen Spiegelgalvanometer 786 *mm* und 24 *mm* Ausschlag, wenn die Skala um 240 *cm* vom Spiegel abstand. Wie gross ist die Capacität der Leydner Flaschen?

Antwort: Bezeichnet man mit C die gesuchte Capacität und mit V die Potentialdifferenz der Säule, so sind die Ladungen der Condensatoren bezüglich

$$Q_1 = 1,33 \cdot 10^{-6} V \quad \text{und} \quad Q_2 = C \cdot V.$$

Hieraus folgt

$$Q_1 : Q_2 = 1,33 \cdot 10^{-6} : C.$$

Anderseits hat man für die Ausschläge die Beziehungen

$$Q_1 : Q_2 = \sin \frac{a_1}{2} : \sin \frac{a_2}{2},$$

woraus sich dann ergiebt, dass $C = 0,0422$ Microfarad.

320) Bei einer Capacitätsbestimmung nach der de Sauty'schen Brückenmethode mussten 456 Ohm und 173 Ohm in die beiden

Zweige eingeschaltet werden; die 456 Ohm lagen bei einem Condensator von 1,33 Microfarad. Wie gross war die Capacität des anderen Condensators?

Antwort: Bei dem Verfahren von de Sauty besteht die Beziehung

$$C_1 : C_2 = R_2 : R_1,$$

aus welcher sich ergiebt, dass

$$C = \frac{1{,}33 \cdot 456}{173} = 3{,}5066 \text{ Microfarad.}$$

XIV. Das Ohm'sche Gesetz.

321) Wie gross ist die elektromotorische Kraft in einem Stromkreis, dessen Widerstand 1 Ohm, und in dem ein Strom von 1 Ampère kreist?

Antwort: Nach dem Ohm'schen Gesetz muss

$$1 \text{ Ampère} \times 1 \text{ Ohm} = x \text{ Volt,}$$

also $x = 1$ Volt sein.

322) In einem Stromkreis ist ein Normal-Daniell (1 Volt), eine Tangentenbussole mit verschwindend kleinem Widerstand und eine Quecksilbersäule von 1 mm^2 Querschnitt und 3 m Länge eingeschaltet; die Tangentenbussole zeigt einen Strom von 0,27 Ampère an. Wie gross ist der innere Widerstand des Daniell'schen Elementes?

Antwort: Der innere Widerstand sei x; der äussere Widerstand ist $R = \frac{100}{106} \cdot 3$ Ohm; die elektromotorische Kraft $E = 1$ Volt, und die Stromstärke $J = 0{,}27$ Ampère. Zwischen diesen Grössen besteht die Beziehung

$$0{,}27 \times \left\{ \frac{100}{106} \cdot 3 + x \right\} = 1;$$

woraus $x = 0{,}524$ Ohm.

323) Ein Daniell'sches Element von 1 Volt elektromotorischer Kraft und 0,8 Ohm innerem Widerstand ist durch sehr dicken Drath mit einer Sinusbussole verbunden, welche 0,012 Ampère Strom anzeigt. Wie gross ist der Widerstand der Bussole?

Antwort: Das Ohm'sche Gesetz giebt sofort

$$0{,}012 \left\{ 0{,}8 + x \right\} = 1; \quad \text{also} \quad x = 82{,}5 \text{ Ohm.}$$

324) Man verfügt über einen Rheostaten und eine geaichte Tangentenbussole mit bekanntem Widerstand; man verlangt, die elektromotorische Kraft E, den Widerstand R und die Stromstärke J eines gegebenen Kreises so zu kennen, wie sie sind ohne Einschaltung von Rheostat und Bussole.

Antwort: Zwischen den drei gesuchten Grössen besteht zunächst die Beziehung

$$J \cdot R = E \qquad (1).$$

Wenn man dann die Tangentenbussole einschaltet, so wird der Widerstand des Stromkreises um ihren Widerstand r vermehrt und die Stromstärke nimmt einen ablesbaren Werth J_1 an, so dass jetzt

$$J_1 (R + r) = E \qquad (2).$$

Schaltet man endlich den Rheostaten mit ϱ Ohm ein, so nimmt die Stromstärke wieder einen anderen Werth J_2 an, und ist jetzt

$$J_2 (R + r + \varrho) = E \qquad (3).$$

Durch Auflösung dieser drei Gleichungen nach J, E, R erhält man

$$R = \frac{J_2 (r + \varrho) - J_1 r}{J_1 - J_2}; \qquad E = \frac{J_1 J_2 \varrho}{J_1 - J_2};$$

$$J = \frac{E}{R} = \frac{J_1 J_2 \varrho}{J_2 (r + \varrho) - J_1 r}.$$

325) Wie gross ist der Fehler, den man bei einer Messung der Stromstärke begeht, wenn man den Widerstand der Bussole nicht in Betracht zieht? — Wie gross ist das Verhältniss des begangenen Fehlers zur wirklichen Stromstärke?

Antwort: Mit Benutzung des Ergebnisses der vorigen Aufgabe erhält man als Werth des begangenen Fehlers

$$J - J_1 = \frac{E}{R} - \frac{E}{R + r} = \frac{E r}{R (R + r)};$$

und für das gesuchte Verhältniss

$$\frac{J - J_1}{J} = \frac{E \cdot r}{R (R + r)} \cdot \frac{R}{E} = \frac{r}{R + r}.$$

326) Man verfügt über eine einzige Widerstandsspule vom Werth a, aber ausserdem über ein geaichtes Galvanometer und eine Säule von constanter elektromotorischer Kraft. Wie kann man damit einen Widerstand bestimmen?

Antwort: Wenn der Stromkreis nur die Säule und die Bussole enthält, so ist $J_1 \cdot R = E$; wenn derselbe ausserdem den bekannten Widerstand a enthält, so ist

$$J_2 (R + a) = E;$$

und wenn man endlich den bekannten Widerstand a durch den unbekannten x ersetzt, so ist

$$J_3 (R + x) = E.$$

Durch Elimination von E und R ergiebt sich hieraus

$$x = \frac{J_3 (J_1 - J_2)}{J_2 (J_1 - J_3)} \cdot a.$$

327) Eine Swanlampe hat warm einen Widerstand von 32 Ohm, und muss durch einen Strom gespeist werden, welcher beim Eintritt in die Lampe noch 104 Volt Spannung hat. Welche Stromstärke verlangt diese Lampe?

Antwort: Nach dem Ohm'schen Gesetz ist

$$J = \frac{104}{32} = 3{,}25 \text{ Ampère.}$$

328) Welchen Widerstand muss eine Edisonlampe haben, wenn sie ihre normale Leuchtkraft mit 0,74 Ampère und 52 Volt hat?

Antwort: $R = 70$ Ohm.

329) Die Spulen eines Morseapparates haben 608 Ohm Widerstand; er arbeitet noch mit einer Säule von 4 Elementen, von denen jedes 0,95 Volt Spannung hat. Durch welchen Strom wird der Magnet erregt?

Antwort: $J = \dfrac{4 \cdot 0{,}95}{608} = 6$ Milliampère.

330) Wie vieler Elemente von 0,95 Volt bedarf es, wenn der Telegraphirstrom 17 Milliampère stark sein muss, und wenn sowohl Spulen als Leitung 608 Ohm Widerstand haben?

Antwort: Aus $0{,}017 \times 2 \cdot 608 = x \cdot 0{,}95$ wird $x = 22$ Elemente.

331) Eine Brushmaschine, welche zur gleichzeitigen Speisung mehrerer Lampen dienen soll, hat eine elektromotorische Kraft von 839 Volt, einen inneren Widerstand von 10,55 Ohm und einen

äusseren Widerstand (mit Einschluss der Lampen) von 73,02 Ohm.
Wie stark war der Strom?

$$\textit{Antwort:} \quad J = \frac{839}{10,55 + 73,02} = 10,04 \text{ Ampère.}$$

332) Der innere Widerstand einer Dynamo beträgt 0,8 Ohm;
ein Strom von 12 Ampère geht durch den Kreis von 3 Ohm Widerstand, welcher 6 hintereinander geschaltete Lampen, jede mit 40 Volt
elektromotorischer Gegenkraft, fasst. Wie gross ist die elektromotorische Kraft der Maschine?

Antwort: $12 \, (0,8 + 3) = E - 6 \cdot 40$ giebt $E = 285,6$ Volt.

333) Zwei Bogenlampen sind hintereinander geschaltet. Die
Dynamo hat 2,5 Ohm Widerstand und giebt 15 Ampère bei 330 Volt.
Wie gross ist der scheinbare Widerstand einer Bogenlampe, wenn die
Leitung 4 Ohm Widerstand hat?

Antwort: $330 = 15 \, (2 \, x + 2,5 + 4)$ giebt $x = 7,75$ Ohm.

334) In einer Leitung von 210 Ohm Widerstand giebt eine
Dynamo einen Strom von 0,5 Ampère bei 150 Volt Spannung. Wie
gross ist der innere Widerstand der Maschine?

Antwort: $0,5 \, (210 + R_i) = 150$ giebt $R_i = 90$ Ohm.

335) Acht Glühlampen von 50 Ohm Widerstand (warm) sind
hintereinander geschaltet; die Leitung hat 4 Ohm Widerstand und
die Maschine giebt noch 1,25 Ampère. Wie gross muss die elektromotorische Kraft der Maschine sein?

Antwort: $E = 1,25 \, (8 \cdot 50 + 4) = 505$ Volt.

XV. Joule's Gesetz.

336) Eine Leitung verzweigt sich in zwei Zweige von gleicher
Länge, aber ungleichem Querschnitt. Wie verhalten sich die in ihnen
erzeugten Wärmemengen, wenn die Querschnitte der Dräthe sich verhalten wie eins zu zwei?

Antwort: Die Querschnitte verhalten sich wie $1 : 2$, die Widerstände wie $2 : 1$, die Stromstärken wie $1 : 2$, folglich die entwickelten
Wärmemengen wie $1^2 \cdot 2$ zu $2^2 \cdot 1$, oder wie 1 zu 2.

337) Die Widerstände zweier Theile eines nämlichen Stromkreises verhalten sich wie 3 : 10; wie verhalten sich die erzeugten Wärmemengen?

Antwort: Da beide Theile gleiche Stromstärke haben, so verhalten sich die Wärmemengen wie die Widerstände, also wie 3 : 10.

338) In denselben Stromkreis sind ein Eisendrath und ein Kupferdrath eingeschaltet, beide von gleicher Länge und gleichem Querschnitt. Wie verhalten sich die in gleichen Zeiten in ihnen entwickelten Wärmemengen?

Antwort: Die Wärmemengen verhalten sich wie die Widerstände, und diese umgekehrt wie die Leitungsfähigkeiten, also

$$Q_1 : Q_2 = R_1 : R_2 = \frac{1}{C_1} : \frac{1}{C_2} = 0{,}1251 : 0{,}02057 = 5{,}6 : 1.$$

339) Der nämliche Strom geht durch einen Platindrath von 20 *cm* Länge und 0,4 *mm* Durchmesser und durch einen Silberdrath von 400 *cm* Länge und 0,6 *mm* Dicke. Wie verhalten sich die erzeugten Wärmemengen?

Antwort: Die erzeugte Wärmemenge wird ausgedrückt nach der Formel

$$Q = C \, \frac{l}{d^2} \, J^2,$$

demnach ist

$$\frac{Q_1}{Q_2} = \frac{l_1 \, d_2{}^2}{l_2 \, d_1{}^2} = \frac{20 \cdot 0{,}6^2}{400 \cdot 0{,}4^2} = 0{,}11.$$

340) Der Widerstand eines Stromkreises beträgt 35 Ohm; die Stromstärke ist 0,4 Ampère; welche Wärmemenge wird in der Sekunde erzeugt?

Antwort: Wie sich durch den Versuch ergiebt, erzeugt ein Ampère in einem Kreis von 1 Ohm Widerstand 0,24 Calorie-Gramm in der Sekunde. Unter den angegebenen Bedingungen wird demnach erzeugt

$$Q = 0{,}4^2 \cdot 35 \cdot 0{,}24 = 1{,}344 \text{ Cal. } gr.$$

341) Es strömen $3 \cdot 10^{-6}$ *E. M. E.* durch eine Leitung von $373{,}16 \cdot 10^9$ *E. M. E.* Widerstand; wie viel Wärme wird in der Minute erzeugt?

Antwort: $Q = \dfrac{1}{0{,}418 \cdot 10^8} \times (3 \cdot 10^{-6})^2 \times 373{,}16 \cdot 10^9 \times 60$

$= 4{,}82 \cdot 10^{-6}$ Cal. *gr.*

342) Ein ⊤-förmiges Glasrohr ist an seinen gegenüberstehenden Enden durch 0,16 *cm* dicke Kohlenstäbe verschlossen; diese stehen mit ihren Endflächen noch um 18 *cm* von einander ab und der Zwischenraum ist mit Quecksilber gefüllt. Ein in dieses tauchende Thermometer zeigt nach 10 Minuten eine Temperaturerhöhung von 24^0 an. Wie gross muss die mittlere Stromstärke gewesen sein?

Antwort: Der Widerstand des Quecksilbers beträgt (nach Tafel VIII)

$$R = \frac{96190 \cdot 18}{0,0064\,\pi}\ E.\ M.\ E.$$

Gestützt auf die specifische Wärme des Quecksilbers ($c = 0,0333$) ist die in der Sekunde erzeugte Wärmemenge

$$Q = \frac{1}{10 \cdot 60} \times \pi \cdot 0,0064 \cdot 18 \times 13,59 \times 0,0333 \times 24\ (cm,\ gr,\ sec).$$

Dieselbe Wärmemenge lässt sich durch die elektrischen Grössen ausdrücken, und ist

$$Q = J^2 \times \frac{96190 \cdot 18}{0,0064 \cdot \pi} \times \frac{1}{0,418 \cdot 10^8}\ (E.\ M.\ E.).$$

Durch Gleichsetzung beider Werthe ergiebt sich

$$J = 0,559 \cdot 10^{-1}\ E.\ M.\ E.$$

343) Ein 4 *mm* dicker, 1 *km* langer eiserner Telegraphendrath wird von einem constanten, 0,05 Ampère starken Strom durchflossen. Welche Wärmemenge wird in jeder Stunde erzeugt?

Antwort: Wenn man davon ausgeht, dass ein 1 *m* langer und 1 *mm* dicker Eisendrath 0,1251 Ohm Widerstand hat, so ist der Widerstand des Telegraphendrathes

$$R = \frac{0,1251 \cdot 1000}{4^2}\ Ohm.$$

Da ausserdem 1 Cal. *gr* = 4,18 Watts, so ist die gesuchte Wärmemenge

$$Q = \frac{1}{4,18} \times 0,05^2 \times \frac{0,1251 \cdot 1000}{4^2} \times 3600\ Cal.\ gr = 16,8\ Cal.\ gr.$$

344) Der von den Bürsten einer Dynamo ausgehende Strom theilt sich in zwei Theile, von denen der eine nach den Elektromagnetspulen, der andere ausserhalb der Maschine verläuft. Der inducirte Strom hat 18,1 Ampère Stärke, und die Armatur hat

$R = 2,2$ Ohm Widerstand. Die Erregerspulen haben $R' = 18,5$ Ohm und der äussere Stromkreis hat $R'' = 10$ Ohm Widerstand. Welche Wärmemenge wird in jeder Minute in jedem der Stromkreise erzeugt?

Antwort: Die Stromstärken in den zwei Zweigen genügen den zwei Gleichungen
$$J' \; : \; J'' = 10 : 18,5 \quad \text{und}$$
$$J' + J'' = 18,1 \text{ Ampères.}$$

Hieraus ergiebt sich für $J' = 6,35$ Ampères, und $J'' = 11,65$ Ampères, und somit als Wärmemenge in den drei Leitungen bezüglich

$$Q \; = \frac{1}{4,18} \cdot 18,1^2 \; . \; 2,2 = \quad 172,5 \text{ Cal. } gr;$$

$$Q' = \frac{1}{4,18} \cdot \; 6,35^2 . 18,5 = 10708 \quad \text{Cal. } gr;$$

$$Q'' = \frac{1}{4,18} \cdot 11,65^2 . 10 \quad = 19482 \quad \text{Cal. } gr.$$

345) Die Armaturbewickelung einer grossen Edison-Maschine hat einen Widerstand von 0,008 Ohm. Welche Wärme wird in ihr in jeder Sekunde erzeugt, wenn der durchfliessende Strom 900 Ampère beträgt?

Antwort: $Q = 1550$ Cal. *gr.*

346) Man leitet einen Strom von 5 Ampère durch einen Quecksilbercylinder von 30 *cm* Höhe und 6 *cm* Durchmesser. Welche Wärmemenge wird in der Sekunde erzeugt?

Antwort: $Q = \dfrac{1}{4,18} \times 5^2 \times \dfrac{1,2247 \; . \; 0,30}{60^2}$ Cal. *gr* $= 0,00061$ Cal. *gr.*

347) Man nehme an, dass der Platindrath im elektrischen Glühzünder 0,01 *cm* Dicke habe und 2 *cm* Länge, sowie dass ein Strom von 0,3 Ampère während 0,2 Sekunden durchgelassen werde. Welche Wärmemenge wird dann im Drath erzeugt?

Antwort: Ausgehend vom Widerstand eines Platindrathes, dessen Länge 1 *m* und dessen Dicke 1 *mm* ist, erhält man als Widerstand des gegebenen Drathstückes

$$R = 0,1166 \cdot 10^9 \times \frac{2}{100} \times \frac{1}{(0,1)^2},$$

und hiermit für die gesuchte Wärmemenge $Q = 1,004$ Cal. *gr.*

348) Der Spannungsunterschied an den Kohlen einer Bogenlampe beträgt 40 Volt, und der durchgehende Strom beträgt 12 Ampère. Wie gross ist die in einer Stunde erzeugte Wärmemenge?

Antwort: $Q = \dfrac{1}{4,18} \cdot E \cdot J \cdot t = \dfrac{1}{4,18} \cdot 40 \cdot 12 \cdot 3600$ Cal. *gr* $= 413,4$ Cal. *kgr*.

349) Eine Glühlampe (Swan) von 60 Volt Spannung hat warm 55 Ohm Widerstand; wie viel Wärme strahlt dieselbe stündlich aus, wenn 6 % der elektrischen Energie in Licht umgewandelt werden?

Antwort: $Q = \dfrac{1}{4,18 \cdot 10^7} \times 55 \cdot 10^9 \times \left(\dfrac{60 \cdot 10^8}{55 \cdot 10^9}\right)^2 \times 3600$ $= 56348$ Cal. *gr*, wovon 6 % dann 52967 Cal. *gr* ausmachen.

350) Wie warm wird ein Drath, dessen elektrische Leitungsfähigkeit c, dessen specifisches Ausstrahlungsvermögen k und dessen Durchmesser d, wenn der durchgehende Strom J ist?

Antwort: Die Maximaltemperatur des Drathes ist erreicht, wenn die vom Strom erzeugte Wärme der ausgestrahlten Wärmemenge gleich ist. Die erstere ist $Q = J^2 R$, letztere aber $Q = k S \cdot t$, so dass also

$$k S t = J^2 R.$$

Ersetzt man $S = \pi d l$ und $R = \dfrac{4 l}{\pi c d^2}$, so ist der Temperaturunterschied zwischen Drath und umgebenden Mittel gegeben durch

$$t = \frac{4 J^2}{k c \pi^2 d^3}.$$

351) Man verwendet ein Kabel mit Kupferseele, Harzschicht und Bleihülle, um einen starken Strom überzuleiten. Wenn der Drath 5 *mm* dick ist, das Harz bei 70^0 schmilzt und die umgebende Hülle auf 10^0 erhalten wird, welche Stromstärke ist dann nöthig, um das Harz durch den Strom schmelzend zu machen?

Antwort: Unter Verwendung der eben aufgestellten Gleichheit hat man

$$J = \frac{\pi}{2} \sqrt{c k t d^3} =$$

$$= \frac{22}{2 \cdot 7} \sqrt{4,18 \cdot 10^7 \times 1,6 \cdot 10^{-6} \times 0,14 \cdot 10^{-3} \times (70^0 - 10^0) \times 5^3} =$$

$$= 13 \; E. \; M. \; E. = 130 \text{ Ampère.}$$

352) Welche Stromstärke ist nöthig, um einen Drath vom Halbmesser r zu schmelzen?

Antwort: (L. Roux). Bezeichnet T die Schmelztemperatur des Metalldrathes, l seine Länge, t die Temperatur des umgebenden Mittels, a ein Ausstrahlungscoefficient und R dessen Widerstand, so ergiebt sich durch Gleichsetzung der erzeugten und der abgegebenen Wärme, dass

$$J^2 . R = a\,(T - t)\,2\,\pi\,r\,l.$$

Durch Einführung des specifischen Widerstandes ϱ, und wenn

$$A = \pi\,\sqrt{\frac{2\,a\,(T - t)}{\varrho}}$$

gesetzt wird, ergiebt sich zunächst

$$J = \sqrt{\frac{2\,a\,(T - t)\,\pi^2\,r^3}{\varrho}}$$

und endlich

$$J = A . \sqrt{r^3}.$$

353) Welche Stromstärke ist nöthig, um einen 4 *mm* dicken Bleidrath zu schmelzen?

Antwort: Nach Tafel XI hat die Constante A den Werth 36 (für J in Ampère und r in *mm*); somit wird höchstens $J = 36\,\sqrt{4^3}$ $= 288$ Ampère.

354) Wie dick muss ein Platindrath sein, damit der durchgehende Strom nicht über 1,25 Ampère betragen kann?

Antwort: Nach Tafel XI wird

$$1{,}25 = 105\,\sqrt{x^3},$$

somit $2\,x = 0{,}104$ *mm*.

355) Man fertigt ein Sicherheitsstück in einer gewissen Leitung aus 0,32 *mm* dickem Eisendrath. Bis auf welche Stromstärken ist diese Leitung verwendbar?

Antwort: $J = 64 . \sqrt{0{,}16^3} = 4$ Ampère.

356) Um ein Sicherheitsstück herzustellen, kann man zwischen einem Kupferdrath, einem Eisendrath und einem Messingdrath wählen. Wie müssen sich ihre Dicken zu einander verhalten, damit sie gleich gut dem gewollten Zweck dienen?

Antwort: Da der durchgehende stärkste Strom in jedem Falle derselbe sein soll, so muss zwischen den Dicken und den bezüglichen Constanten die Beziehung bestehen

$$J = A_1 \sqrt{r_1{}^3} = A_2 \sqrt{r_2{}^3} = A_3 \sqrt{r_3{}^3}.$$

Hieraus folgt aber, dass nach Tafel XI

$$r_2 = \left(\frac{A_1}{A_2}\right)^{2/3} \cdot r_1 = \left(\frac{213}{64}\right)^{2/3} \cdot r_1 = 2{,}2\, r_1, \text{ und } r_3 = \left(\frac{213}{146}\right)^{2/3} \cdot r_1 = 1{,}3\, r_1.$$

357) Welches der drei Metalle Silber, Magnesium, Nickel eignet sich am besten zur Herstellung von Sicherheitsstücken?

Antwort: Die Werthe 250, 107 und 115 der Constanten A würden zu Gunsten des Magnesium sprechen, wenn dieses nicht viel weniger dehnbar wäre als Nickel.

358) Ein Drath aus reinem Kupfer von 0,165 *cm* Dicke wird von einem Strom von 10 Ampère durchflossen. Wie gross wird die Temperaturzunahme des Drathes werden, wenn man annimmt, dass die Wärmeabgabe durch Strahlung ungefähr $\dfrac{1}{4000}$ pro *cm²* und Grad Celsius Temperaturüberschuss über die Umgebung betrage?

Antwort: (Day). Der Widerstand des reinen Kupfers ist 1,65 . 10^3 *E. M. E.* Ein Meter des obigen Drathes hat sonach 7,8 . 10^{-3} Ohm Widerstand, und die in ihm pro Sekunde entwickelte Wärmemenge wird

$$\frac{7{,}8 \cdot 10^6}{4{,}2 \cdot 10^7} = 0{,}1857 \text{ Cal. } gr.$$

Die Oberfläche des 1 *m* langen Drathes ist 0,165 π . 100 = 51,8 *cm²*, woraus folgt, dass es auf jedes *cm²* der Drathoberfläche in jeder Sekunde

$$\frac{0{,}1857}{51{,}8} = 0{,}00358 \text{ Cal. } gr$$

trifft. — Anfänglich wird die Wärmeausstrahlung Null sein, aber sodann zunehmen mit zunehmender Temperatur, bis endlich bei x^0 die Abgabe ebenfalls 0,00358 Cal. *gr* pro *cm²* und sec beträgt. Jetzt aber muss dann

$$\frac{x}{4000} = 0{,}00358, \qquad x = 14{,}32^0 \text{ Celsius}$$

sein; d. h. wenn dieser Drath der freien Luft ausgesetzt wird, so nimmt er eine Temperatur von $14{,}32^0$ über derjenigen der Luft an.

359) Ein kurzes Stück Bleidrath ist als Sicherheitsstück in einem Stromkreis eingeschaltet und man soll den Durchmesser bestimmen, bei dem der Drath mit 7,2 Ampère Strom eben schmilzt.

Antwort: Der Widerstand eines Bleidrathes von 1 *cm* Länge und x *cm* Dicke ist

$$19{,}85 \cdot 10^{-6} \times \frac{4}{\pi\, x^2} \ \text{Ohm,}$$

und die in ihm in jeder Sekunde entwickelte Wärmemenge somit

$$\left(\frac{7{,}2}{10}\right)^2 \times \frac{19{,}85 \cdot 10^{+3} \cdot 4}{\pi\, x^2} \times \frac{1}{4{,}2 \cdot 10^7} \ \text{Cal.}\ gr,$$

oder da das Drathstück $\pi\, x$ *cm²* Oberfläche hat, so wird durch den Strom

$$\left(\frac{7{,}2}{10}\right)^2 \times \frac{19{,}85 \cdot 10^3 \cdot 4}{\pi\, x^2} \times \frac{1}{4{,}2 \cdot 10^7} \times \frac{1}{\pi\, x} \ \text{Cal.}\ gr = \frac{10^{-4}}{x^3} \ \text{Cal.}\ gr$$

für jeden *cm²* Oberfläche und jede Sekunde erzeugt. Hierdurch steigt die Temperatur des Drathes, bis dann die Ausstrahlung dem Gewinn gleich ist. Die Aufgabe verlangt, dass der Drath schmelzen, diese Maximaltemperatur also 335 ⁰ sei; dann beträgt die Ausstrahlung $\frac{335}{4000}$ und man hat die Gleichung

$$\frac{335}{4000} = \frac{10^{-4}}{x^3},$$

woraus $x = 0{,}106$ *cm*.

360) Ein Bleisicherheitsstück ist in einen Stromkreis eingeschaltet und soll schmelzen, wenn der Strom die Stärke von 20 Ampère erreicht; wie gross muss der Durchmesser sein?

Antwort: $x = 0{,}209$ *cm*.

361) Die Bleisicherheitsstücke der elektrischen Beleuchtungsanlange in Mailand (Edisongesellschaft) sind 3,2 *cm* breit, 0,3 *cm* dick und etwa 7 *cm* lang. Bei welcher Stromstärke schmilzt das Stück?

Antwort: Der Bleistreifen hat einen Widerstand von

$$19{,}85 \cdot 10^3 \times \frac{7}{0{,}3 \cdot 3{,}2} \ E.\ M.\ E.$$

Wenn die gesuchte Stromstärke x Ampère beträgt, so wird im Stück

$$\frac{1}{4{,}18 \cdot 10^8} \times \frac{19{,}85 \cdot 10^3 \cdot 7}{0{,}3 \cdot 3{,}2} \times \left(\frac{x}{10}\right)^2 \times \frac{1}{7\,(2 \cdot 3,2 + 2 \cdot 0,3)} \; \text{Cal. } gr$$

für jedes cm^2 Oberfläche in jeder Sekunde erzeugt. Da diese Wärmemenge derjenigen gleich sein muss, welche bei 335^0 ausgestrahlt wird, so hat man die Gleichung

$$\frac{335}{4000} = \frac{19{,}85 \cdot 10^3 \cdot x^2}{0{,}3 \cdot 3{,}2 \cdot 14 \cdot 3{,}5 \cdot 4{,}18 \cdot 10^{10}}.$$

Aus ihr ergiebt sich

$$x = 344 \text{ Ampère.}$$

362) Ein Kupferdrath ist in einem Stromkreise eingeschaltet, um als Sicherheitsstück für einen Strom von 500 Ampère zu dienen. Wie gross muss sein Durchmesser sein, wenn das Kupfer bei 1050^0 schmilzt?

Antwort: $d = 0{,}53$ *cm.*

363) Wenn eine Zinkstange als Sicherheitsstück für einen Strom von 500 Ampère dienen soll, was hat man derselben für einen Durchmesser zu geben, wenn bekannt ist, dass Zink bei 422^0 schmilzt.

Antwort: $d = 1{,}09$ *cm.*

364) Eine Grove'sche Zelle, deren elektromotorische Kraft 1,9 Volt und deren innerer Widerstand 0,4 Ohm ist, wird in einem Falle durch einen Drath von 3 Ohm Widerstand und in einem zweiten Falle mit 30 Ohm Widerstand geschlossen. Wie verhalten sich die in beiden Fällen in der Batterie entwickelten Wärmemengen (Day)?

Antwort: Die Wärmemengen verhalten sich wie

$$Q_1 : Q_2 = c\,J_1{}^2 R_1 : c\,J_2{}^2 R_2 = J_1{}^2 : J_2{}^2,$$

weil die Widerstände R_1 und R_2 im Inneren der Zelle beide Male denselben Werth haben. Die Stromstärken jedoch sind

$$J_1 = \frac{1{,}9}{3 + 0{,}4}, \quad \text{und} \quad J_2 = \frac{1{,}9}{30 + 0{,}4} \text{ Ampère,}$$

so dass $Q_1 : Q_2 = (30{,}4)^2 : (3{,}4)^2 = 80 : 1.$

365) Man schaltet einmal einen Widerstand von 20 Ohm und sodann einen Widerstand von 5 Ohm in den Stromkreis einer Dynamomaschine, welche 2,2 Ohm inneren Widerstand und eine elektromotorische Kraft von 126 Volt hat. Wie verhalten sich die in beiden Fällen in der Armatur der Maschine erzeugten Wärmemengen?

Antwort: $Q_1 : Q_2 = (20 + 2{,}2)^2 : (5 + 2{,}2)^2 = 9{,}5 : 1$.

366) Eine v. Beetz'sche Säule von 240 Elementen, von denen jedes $1{,}101 \cdot 10^8$ *E. M. E.* elektromotorischer Kraft und $18{,}3 \cdot 10^9$ *E. M. E.* inneren Widerstand hat, wird mit einem Galvanometer verbunden, dessen Widerstand $96{,}82 \cdot 10^9$ *E. M. E.* beträgt. Welche Wärmemenge wird dann in 3 Minuten in dessen Spulen erzeugt?

$$\textit{Antwort: } Q = \frac{1}{0{,}418 \cdot 10^8} \times \left[\frac{240 \cdot 1{,}101 \cdot 10^8}{240 \cdot 18{,}3 \cdot 10^9 + 96{,}82 \cdot 10^9} \right]^2 \times$$
$$\times\ 96{,}82 \cdot 10^9 \times 180 = 14{,}45 \text{ Cal. } \textit{gr.}$$

367) Durch die Spule eines glockenförmigen Elektromagnets geht ein Strom von 3,6 Ampère. Die Spule hat 4 Ohm Widerstand, 0,7 *mm* dicken Kupferdrath und eine Anfangstemperatur von 12⁰. Welche Temperatur wird die Spule nach 5 Minuten haben?

Antwort: Der genannte Strom erzeugt sekundlich

$$Q = \frac{1}{4{,}18} \times 3{,}6^2 \times 4 \times 300 = 3720 \text{ Cal. } \textit{gr.}$$

Die Länge l des Kupferdrathes ergiebt sich aus dem Durchmesser und dem Widerstand, weil

$$4 \text{ Ohm} = 0{,}02104 \cdot l \cdot \left(\frac{1}{0{,}7}\right)^2, \text{ also } l = 95{,}05 \ m$$

sein muss. — Sei T die Endtemperatur des Kupfers, dann hat dieses die Wärmemenge

$$\pi \cdot 0{,}07^2 \cdot 9505 \times 8{,}8 \times 0{,}0952\,(T - 12) \text{ Cal. } \textit{gr}$$

aufnehmen müssen, welche Menge der vom Strom gelieferten gleich sein muss. Durch deren Gleichsetzung ergiebt sich

$$T = 30{,}35 + 12 = 42{,}35^0.$$

368) Ein 43,2 *cm* langer und 0,062 *cm* dicker Platindrath ist in einem mit Luft gefüllten und vor Strahlung gut geschützten Glasgefäss spiralig aufgewunden. An dieses ist eine nach Zehntel *cm³* geaichte, horizontale, offene Glasröhre angeschmolzen. Vor Durchgang des Stromes schliesst ein Quecksilbertropfen 842,4 *cm³* Luft ab; nach 10 Minuten aber ist der Tropfen um 143 Theile vorgerückt. Wie stark war der Strom?

Antwort: Nach dem Mariotte-Gay-Lussac'schen Gesetz ergiebt sich zunächst die Temperaturerhöhung; denn für die offene Röhre ist der Enddruck dem Anfangsdruck gleich, und nach der Formel $v = v_0 (1 + \alpha t)$ muss

$$842,4 + 14,3 = 842,4 \left(1 + \frac{1}{273} t\right), \text{ oder } t = 4,635^0$$

sein. Eine solche Temperaturerhöhung verlangte aber die Wärmemenge

$$Q = 842,4 \cdot 0,001293 \cdot 0,2377 \cdot 4,635 = 1,200 \text{ Cal. } gr.$$

Diese Wärme wurde von der unbekannten Stromstärke J erzeugt, es muss also

$$1,200 = \frac{1}{4,18 \cdot 10^7} \times 0,1166 \cdot 10^9 \cdot \frac{43,2}{100} \cdot \frac{1}{0,62^2} \times J^2 \times 600 \text{ Cal. } gr$$

sein, oder $J = 0,02526$ *E. M. E.* $= 0,2526$ Ampère.

- - -

XVI. Stahlmagnete.

369) Zwei Stabmagnete sind in dieselbe Gerade gelegt und kehren gleichnamige Pole gegen einander. Diese enthalten die magnetischen Massen M und m, und sie stehen um d von einander ab. Wohin muss man eine kleine Eisenkugel bringen, damit sie sich weder dem einen noch dem anderen Pol nähern kann?

Antwort: Bezeichnet man die Entfernungen der Kugel von den Polen der Magnete bezüglich mit x und y, so hat man zwischen diesen zwei Grössen die Beziehungen

$$x + y = d \quad \text{und} \quad \frac{M}{x^2} = \frac{m}{y^2},$$

woraus folgt

$$y = \frac{d}{M - m} \left\{ m \pm \sqrt{Mm} \right\}.$$

370) Zwei Stabmagnete liegen in demselben Loth übereinander. Der obere ist festgehalten und enthält in jedem Pol die magnetische Masse M; der untere wiegt p gr und kehrt dem oberen den ungleichnamigen Pol zu mit m magnetischen Masseneinheiten. In welcher Entfernung müssen die beiden Pole sein, damit der untere Stabmagnet in der Luft frei schwebt?

Antwort: Wenn man mit x die gesuchte Entfernung bezeichnet, so kann man die anziehende Kraft ausdrücken und sie dem Gewicht des unteren Magnets gleichsetzen; dann ist

$$\frac{M \cdot m}{x^2} = 981\, p \text{ Dyn,}$$

somit

$$x = \sqrt{\frac{M \cdot m}{981\, p}}.$$

371) Wie stark ist das magnetische Feld, welches ein Pol von 180 Einheiten in einem um 3 *cm* von ihm entfernten Punkt erzeugt?

$$\text{\textit{Antwort:}} \quad f = \frac{180 \cdot 1}{3^2} = 20 \text{ Dyn.}$$

372) Es sind zwei Stabmagnete so in dieselbe Gerade gelegt, dass ihre ungleichnamigen Pole von 70 und 110 Einheiten um 5 *cm* von einander abstehen. Wie stark ist das Feld in einem Punkt, welcher auf der Verbindungslinie beider Pole und um 2 *cm* vom Pole 70 absteht?

$$\text{\textit{Antwort:}} \quad f = \frac{70}{2^2} - \frac{110}{3^2} = 5{,}3 \text{ Dyn.}$$

373) Man hat n Magnete von gleicher Länge l und gleicher Stärke in dieselbe Gerade gelegt. Die Pole sollen m Einheiten enthalten, in 0,1 l vom Stabende abstehen und ihre Nordseiten alle nach derselben Richtung gelegt haben. Wie gross ist dann das Potential in der Mitte der Linie? und wie gross ist dasselbe am einen Ende?

Antwort: In Bezug auf den in der Mitte der Linie gelegenen Punkt sieht man, dass immer zwei gleiche und ungleichnamige Massen in derselben Entfernung von ihm liegen; daher ist $\Sigma \left(\dfrac{m}{r} \right) = V = 0$.

In Bezug auf den am einen Ende gelegenen Punkt findet man

$$V = \Sigma \left(\frac{m}{r} \right) = \frac{m}{0{,}1\, l} - \frac{m}{0{,}9\, l} + \frac{m}{1{,}1\, l} - \frac{m}{1{,}9\, l} + \cdots =$$

$$= \frac{10\, m}{l} \left\{ 1 - \frac{1}{9} + \frac{1}{11} - \frac{1}{19} + \cdots \right\}.$$

374) Wie gross ist das Potential in der Mitte eines regelmässigen Sechsecks, wenn in den Ecken 1) gleichnamige, 2) ungleichnamige Pole liegen?

Antwort: In beiden Fällen liegen auf demselben Durchmesser stets gleich grosse und entgegengesetzte magnetische Massen; demnach ist das Potenial

$$V = \Sigma \left(\frac{m}{r}\right) = 0.$$

375) Es sind n Magnete gleicher Länge l und gleicher Stärke so gelegt, dass alle Nordpole auf einer Kreislinie r und alle Südpole auf einer anderen zu ersterer concentrischen Kreislinie R in gleichen Abständen von einander liegen, und die Magnete also auf Radien liegen. Wie gross ist das Potential im Centrum?

$$\textit{Antwort:} \quad V = \frac{nm}{r} - \frac{nm}{r+l} = nm\left\{\frac{1}{r} - \frac{1}{r+l}\right\} = \frac{lmn}{r(r+l)}.$$

376) Wie gross ist das Potential des vorigen Systems, wenn auf jeder der beiden Kreislinien die Nord- und Südpole wechseln?

$$\textit{Antwort:} \quad V = \frac{+m}{r} - \frac{m}{r} + - \cdots - \frac{m}{r+l} + \frac{m}{r+l} - + \cdots$$
$$= 0.$$

377) Auf einem auf Wasser schwimmenden Brett liegen mehrere gleiche Stabmagnete; ihre Länge ist l; die magnetische Masse in einem Pol ist m, ihr Abstand d, und ihre Richtung mit dem magnetischen Meridian α. Wie gross ist das diesem Winkel α entsprechende magnetische Moment, bezogen auf das Ende des ersten Magnets, wenn 1) alle Südpole nach derselben Seite gedreht sind? — 2) wenn auf der einen Seite n' Südpole und $n - n'$ Nordpole liegen?

Antwort: Einer der Magnete bestimmt das Moment $m H l \sin \alpha$; so dass alle n Magnete im ersten Fall das Moment $M = n m H l \sin \alpha$ bestimmen, während im zweiten Fall

$$M' = n' m H l \sin \alpha - (n - n') m H l \sin \alpha = (2n' - n) m H l \sin \alpha.$$

378) Ein Würfel, dessen Kanten aus Stabmagneten gebildet sind, steht auf einem Brett in Wasser. Von den 12 gleichen Magneten stehen 4 lothrecht mit dem Südpol unten, und je vier der anderen liegen so in horizontalen Ebenen, dass ungleichnamige Pole an einander stossen. Wie gross ist das magnetische Moment, welches der Erdmagnetismus in Bezug auf eine der lothrechten Kanten bestimmt?

Antwort: Die Wirkung der lothrechten Magnete ist gleich Null, weil jeder zwei ungleichnamige Pole enthält. — In jeder der horizontalen Ebenen finden sich acht statische Momente, alle von gleicher Grösse. Ihr resultirendes Moment besteht aus zwei mal acht Momenten, welche sich nur durch den Sinn der Drehung von einander unterscheiden, entsprechend der Art der Pole. Wenn man nun die Hebelarme der einzelnen Momente durch die Kantenlänge und den Winkel ausdrückt, welche eine derselben mit dem magnetischen Meridian bildet, so findet man, dass die Summe der rechts drehenden Momente der Summe der links drehenden gleich ist, indem schon die Summe der Hebelarme verschwindet. Da solches für jeden Werth des Winkels stattfindet, so ist das gesuchte resultirende Moment gleich Null.

379) An zwei verschiedenen Orten der Erde, wo die Inclination β und β' beträgt, hat dieselbe Magnetnadel die Schwingungsdauern t und t'. Wie verhalten sich hier die vom Erdmagnetismus erzeugten Kräfte?

Antwort: $H : H' = t'^2 \cos \beta' : t^2 \cos \beta$.

380) Zwei Magnetnadeln haben gleiches · magnetisches Moment, aber ungleiche Längen l_1 und l_2; wie verhalten sich ihre magnetischen Massen?

Antwort: $2\,l_1\,M_1\,H = 2\,l_2\,M_2\,H$, also $M_1 : M_2 = l_2 : l_1$.

XVII. Wirkung der Ströme auf Magnete.

381) Eine sehr kurze Magnetnadel und ein $2\,l$ *cm* langer Kupferdrath liegen in derselben vertikalen Ebene; der Pol enthält m *E. M. E.* und liegt h *cm* unter der Mitte des Kupferdrathes; in diesem kreist ein Strom von i *E. M. E.* Mit welcher Kraft wirkt der Strom auf den Pol? — und mit welcher Kraft würde er wirken, wenn der Drath unendlich lang wäre?

Antwort: Nach dem Savart'schen Gesetz beträgt die elementare Wirkung $\dfrac{m\,i\,d\,l}{h^2 + x^2} \sin \vartheta$, wenn man mit ϑ den Winkel bezeichnet, den $d\,l$ mit der Richtung von diesem nach dem Pol bildet, und wenn x die Entfernung von $d\,l$ nach der Mitte des Drathes bezeichnet. Es ist ferner $x = h \cotg \vartheta$, also $d\,x = \dfrac{-\,h\,d\,\vartheta}{\sin^2 \vartheta}$, und $h^2 + x^2 =$

$\dfrac{h^2}{\sin^2 \vartheta}$, so dass die Elementarwirkung auch in der Form

$$- \frac{m\,i}{h}\,\sin \vartheta\,d\vartheta$$

geschrieben werden kann. — Durch Integration von $- l$ bis $+ l$ erhält man hieraus

$$f = \frac{2\,m\,i\,l}{h\,\sqrt{l^2 + h^2}}.$$

Wenn man Zähler und Nenner des Bruches durch l dividirt und dann $l = \infty$ setzt, so wird für unendlich langen Strom die Kraft

$$f = \frac{2\,m\,i}{h}.$$

382) Denzler's Bussole besteht aus einem starken rechteckigen Rahmen, dessen Ebene vertical steht und dessen zwei Seiten horizontal im magnetischen Meridian liegen, und über dessen Mitte befindet sich eine Magnetnadel. Mit welcher Kraft wirkt nun ein Strom i, wenn die Nadel m magnetische Einheiten enthält und um h, bezüglich h_1 cm von den horizontalen Seiten absteht?

Antwort: Da die beiden verticalen Leitertheile sich gegenseitig in ihrer Wirkung aufheben, so bleibt nach der vorherigen Auflösung als Gesammtwirkung nur

$$f = 2\,m\,i\,l \left\{ \frac{1}{h\,\sqrt{h^2 + l^2}} - \frac{1}{h_1\,\sqrt{h_1^2 + l^2}} \right\}.$$

XVIII. Elektromagnete.

383) Man leitet durch die Spule eines Elektromagneten erst einen Strom von 2,5 Ampère und sodann einen Strom von 10 Ampère; in welchem Verhältniss ändert sich dadurch das magnetische Feld?

Antwort: $M_1 : M_2 = \dfrac{5}{2} : 10 = 1 : 4.$

384) In welchem Verhältniss nimmt das magnetische Moment eines Elektromagneten zu, wenn man die Stromstärke beibehält, aber die Windungszahl von 250 auf 650 erhöht?

Antwort: $M_1 : M_2 = 250 : 650 = 1 : 2,6.$

385) Ein gewisser Eisenkern war anfänglich mit 2 Schichten von je 60 Windungen überlegt, dann aber mit 5 Lagen von 50 Windungen umgeben worden. Wie hat sich dadurch das magnetische Feld geändert, wenn der durchgehende Strom in beiden Fällen derselbe war?

Antwort: $M_1 : M_2 = 2 \cdot 60 : 5 \cdot 50 = 120 : 250 = 1 : 2{,}1$.

386) Wie kann man die Stärke eines magnetischen Feldes beibehalten, obgleich man die Anzahl der Windungen der Spule auf ein Drittel herabmindert?

Antwort: Die Stromstärke muss die dreifache werden.

387) Ein 20 *cm* langer und 2 *cm* dicker Eisenstab ist mit 540 Windungen bewickelt und wird mit 0,3 *E. M. E.* magnetisirt. Wie gross wird das magnetische Moment 1) nach v. Waltenhofen's Formel, 2) nach Müller's durch v. Waltenhofen abgeänderter Formel?

Antwort: Die erstere Formel giebt

$$M = 0{,}12 \sqrt{l^3 d} \cdot n J = 2459 \; E. \; M. \; E.,$$

und letztere giebt

$$M = 14{,}4 \, l \, d^2 \operatorname{arc\,tang} \left(\frac{n \sqrt{l}}{5300 \, d^{3/2}} \, J \right) = 55{,}6 \; E. \; M. \; E.$$

388) Wenn ein Elektromagnet mit einem Strom von 2,5 Ampère einen 4 *kgr* schweren Anker zu tragen vermag, wie viel vermag er dann mit 10 Ampère zu tragen?

Antwort: 16 *kgr*.

389) Von zwei hintereinander in denselben Stromkreis eingeschalteten Elektromagneten hat der zweite einen doppelt so dicken Kern als der erste, aber beide gleiche Anzahl Windungen und gleichen Widerstand. Wie verhalten sich ihre beiden Tragfähigkeiten?

Antwort: $M_1 : M_2 = \sqrt{1} : \sqrt{2} = 1 : 1{,}414$.

390) Ein Elektromagnet, dessen Kern 1 *cm* dick und dessen Spule 3 Lagen von 100 Windungen hat, soll durch einen zweiten ersetzt werden, dessen Kern 2,5 *cm* dick ist und dessen Spule 7 Lagen von 90 Windungen trägt, und für welchen die Stromstärke nur 0,2 der früheren ist. Wie verhalten sich die magnetischen Momente beider Magnete?

Antwort: $M_1 : M_2 =$

$$= (\sqrt{1} \times 3 . 100 \times J) : (\sqrt{2,5} \times 7 . 90 \times 0,2\ J) = 20 : 21.$$

391) Der Elektromagnet eines Morseapparates (Schweizer Modell)
hat einen Hufeisenmagnet von 0,9 *cm* Dicke und Spulen von 8 Lagen
mit 52 Windungen; er trägt 5 *kgr* mit einem Strom von 0,2 Ampère.
Wie viel trägt ein anderer ähnlicher Magnet, dessen Kern 4 *cm* dick,
dessen Spule 8 Lagen mit 74 Windungen trägt und durch welche
0,4 Ampère strömen?

Antwort: Wenn c ein constanter Faktor, welcher von Form
und Art des Magnets abhängt, so war für die erste, alte Bewickelung

$$c . \sqrt{0,9} \times 8 . 52 \times 0,2 = 5\ kgr,$$

und für die abgeänderte Form

$$c\ \sqrt{4} \times 8 . 74 \times 0,4 = x\ kgr.$$

Indem man daraus c eliminirt, wird $x = 30\ kgr$.

392) Ein gewisser Elektromagnet trägt 6 *kgr* bei 0,4 Ampère
Strom und 3 *kgr* bei 0,25 Ampère. Welches wären demnach für
diesen Magneten die Werthe der Constanten a und b in Fröhlich's

Formel $M = \dfrac{J}{a + b\,J}$? — und welches die Werthe von α und β

in Sohnke's Formel $M = \dfrac{1}{\alpha}\,J\,l^{-\beta\,J}$? — und wie viel trägt dieser

Magnet mit einem Strom von 0,74 Ampère?

Antwort: Wenn p einen Proportionalitätsfaktor zwischen dem
magnetischen Moment M und dem getragenen Gewicht bezeichnet,
so muss nach den gemachten Angaben

$$p . 6 = \frac{0,4}{a + b . 0,4}, \quad \text{sowie} \quad p . 3 = \frac{0,25}{a + b . 0,25}$$

sein, und somit $a = -9\ b = \dfrac{3}{43\ p}$ sein. — Für den Strom $J =$
0,74 Ampère ergiebt sich daraus eine Tragkraft von 11,5 *kgr*.

Die Sohnke'sche Formel liefert mit obigen Angaben die Gleichungen

$$6 = \frac{1}{\alpha}\,0,4 . l^{-0,4\,\beta}, \quad \text{und} \quad 3 = \frac{1}{\alpha} . 0,25 . l^{-0,25\,\beta}.$$

Aus ihnen folgt $\beta = -1,488$, und $\alpha = 0,121$. — Die Stromstärke $J = 0,74$ Ampère, nach dieser Formel jedoch eine Tragkraft
von 18,4 *kgr*.

393) Ein gewisser Elektromagnet erhält ein magnetisches Moment von 2070 *E. M. E.* durch einen Strom von 2,87 *E. M. E.* und ein magnetisches Moment von 4110 *E. M. E.* durch 6,28 *E. M. E.* Strom. Welche Werthe der Constanten ergeben sich daraus für 1) Fröhlich's Formel, 2) Sohnke's Formel? Wie gross wird das magnetische Moment dieses Magnetes für eine Stromstärke von 30 *E. M. E.* nach Fröhlich's und nach Sohnke's Formel?

Antwort: Die in der Aufgabe gemachten Angaben liefern zwei Gleichungen, durch deren Auflösung man $a = 792{,}7$ und $b = 0{,}0345$ für Fröhlich's und $a = 0{,}001278$, sowie $\beta = 0{,}0285$ für Sohnke's Formel erhält.

Der Stromstärke von 30 *E. M. E.* entspricht ein magnetisches Moment von $M = 11686$ *E. M. E.* und von $M = 9986$ *E. M. E.* bezüglich.

Der Versuch ergab $M = 10570$.

XIX. Accumulatoren.

394) Welche Arbeitsfähigkeit kann ein Planté'scher Accumulator in sich aufnehmen, dessen Blei 15 *kgr* wiegt, wenn er bis zu vollständiger Entleerung 0,18 *gr* Kupfer niederschlagen könnte, und dass man, um über 2 Volt zu bleiben, nur 2 Drittel der Ladung ausgiebt?

Antwort: Da 0,18 *gr* Kupfer niedergeschlagen werden, und ein Coulomb nur 0,0003307 *gr* giebt, so muss der Accumulator $0{,}18 : 0{,}0003307 = 514$ Coulomb enthalten haben. Diese Elektricitätsmenge von im Mittel 2 Volt Spannung entspricht also einer verwendbaren Energie von

$$\frac{2}{3} \cdot 514 \cdot 2 \text{ Watt} = \frac{2}{3} \cdot 514 \cdot 2 \cdot \frac{1}{9{,}81} \; mkgr = 68{,}4 \; mkgr.$$

Auf jedes *kgr* Blei entfällt also eine Energie von 4,56 *mkgr*.

395) Während der Ladung, sowie während der Entladung eines Accumulators, System Daniell ($Cu\text{-}SO_4\,Cu\text{-}Zn\,SO_4\text{-}Zn$), hat man von 5 zu 5 Minuten die Stromstärke bestimmt. Man fand so, dass demselben $Q = 4147$ Ampère-Sekunden zugeführt, und dann $Q' = 2845$ Ampère-Sekunden entnommen wurden. Wie gross ist sein Nutzeffekt?

$$\textit{Antwort:} \quad \varrho = \frac{Q'}{Q} = \frac{2845}{4147} = 68{,}6 \, \%.$$

396) Ein gleicher, nur grösserer Accumulator nahm bei der Ladung $Q = 14\,325$ Coulomb auf, und gab dann $Q' = 12\,777$ Coulomb ab; wie gross war dessen Nutzeffekt?

Antwort: $\varrho = 89\,\%$.

397) Man berechne diejenige Elektricitätsmenge, welche die zur Bildung der positiven Platte eines Accumulators Faure-Sellon-Volkmar nöthige Schwefelsäure in Freiheit setzt.

Antwort: Der am negativen Pol auftretende Wasserstoff zerlegt das Bleioxyd nach der Gleichung

$$Pb_3\,O_4 + 4\,H_2 = 4\,H_2O + 3\,Pb;$$

während gleichzeitig am positiven Pol die Reduktion nach der Gleichung

$$Pb_3\,O_4 + S\,O_4 = 2\,(Pb\,O_2) + Pb\,S\,O_4$$

erfolgt. — Wenn die ganze Oberfläche aus $Pb_3\,O_4$ besteht, so ist die Bildung von H und O nur schwach, aber vorhanden. Der Accumulator ist dann möglichst geladen, wenn alles $Pb_3\,O_4$ in $Pb_2\,O$ und in Blei umgesetzt ist. Angenommen, man hätte m_1 *gr* $Pb_3\,O_4$, so ergiebt sich aus seinem Molekulargewicht ($= 3 \cdot 207 + 4 \cdot 16 = 685$) die in m_1 enthaltene Menge Blei zu $\dfrac{621}{685}\,m_1$ *gr*. Ein Drittel dieses Bleies, also $\dfrac{207}{685}\,m_1$ *gr* verbindet sich mit $S\,O_4$, und erheischt demnach ein Gewicht Schwefelsäure von $\dfrac{207}{685}\,m_1 \cdot \dfrac{96}{207} = \dfrac{96}{685}\,m_1$ *gr*. Da eine *E. M. E.* $0,005$ *gr* Schwefelsäure in Freiheit setzt, so sind zur Bildung jener Menge freier Schwefelsäure

$$Q = \frac{96}{685}\,m_1 \cdot \frac{1}{0,005}\ E.\ M.\ E. = 28,03\,m_1\ E.\ M.\ E.$$

Elektricität nothwendig, wenn m_1 in Grammen gegeben ist.

(Eine *E. M. E.* entwickelt $0,000104$ *gr* H, oder

$$\frac{1}{2}\,(32 + 4 \cdot 16) \cdot 0,000104\ gr = 0,0005\ gr\ \text{Schwefelsäure.})$$

398) Welche theoretisch höchste Ladung kann ein Accumulator Faure-Sellon-Volkmar aufnehmen, welcher aus 8 Blättern von je 2 *kgr* besteht?

Antwort: Nach der vorhergehenden Aufgabe ist diese Ladung

$$Q = 28\,030 \cdot 16 = 0,45 \cdot 10^6\ E.\ M.\ E. = 0,45 \cdot 10^7\ \text{Coulomb.}$$

399) Man bestimme theoretisch die Elektricitätsmenge, welche nöthig ist, um die negative Elektrode eines Volkmar'schen Accumulators zu bilden.

Antwort: Es wiege die negative Elektrode m_2 *gr*; dann enthält sie $\frac{64}{685}\, m_2$ *gr* Sauerstoff. Um diesen zu sättigen, bedarf es $\frac{1}{8} \cdot \frac{64}{685}\, m_2$ *gr* Wasserstoff. Dieser selbst wird wieder frei gemacht durch

$$Q' = \frac{1}{86}\, m_2 \cdot \frac{1}{0{,}000104} = 111{,}8\, m_2 \ E.\ M.\ E. = 1118\, m_2 \ \text{Coulomb.}$$

Gewöhnlich, und aus praktischen Gründen, ist $m_1 = m_2$.

400) Man bestimme theoretisch diejenige Arbeit, welche zur vollständigen Ladung eines Faure-Sellon-Volkmar'schen Accumulators nöthig ist.

Antwort: Die gesuchte Arbeit wird durch das Produkt aus Stromstärke und elektromotorischer Kraft und Zeit ausgedrückt, so dass also die Arbeit gleich der Summe $\Sigma\ (E\ .\ J)$ für jedes Zeitelement ist. Da während der Ladung die elektromotorische Kraft constant bleibt, so ist die Arbeit auch $W = E\ .\ \Sigma\ (J)$. Die Summe der in jedem Zeitelement durchfliessenden Strommenge ist aber der ganzen an den Accumulator abgegebenen Elektricitätsmenge gleich, d. i. $\Sigma\ (J) = Q$, wobei Q die in No. 397 bestimmte Menge $28{,}03\, m_1$ $E.\ M.\ E.$ ist. Demnach wird

$$W = E\ .\ Q = 28{,}03\ E\, m_1 \ E.\ M.\ E.$$

401) Welcher theoretischen Arbeit bedarf es, um einen aus acht je 2 *kgr* schweren Blättern bestehenden Accumulator mit 2,05 Volt elektromotorischer Kraft zu laden?

Antwort: $W = 28{,}03 \times 8\ .\ 2000 \times 2{,}05\ .\ 10^8\ E.\ M.\ E. =$
$= 9193{,}84\ .\ 10^{10}\ \text{Erg} = 9193{,}84\ .\ 10^{10} \times 102\ .\ 10^{-10}\ (m,\ kgr,\ sec) =$
$= 937772\ (mkgr,\ sec) = 3{,}5\ \text{HP}.$

402) Man will L Siemens Lampen von 100 Volt und 0,6 Ampère mit Accumulatoren speisen. Wie vieler bedarf es? und was kosten alle, wenn einer f Franken kostet?

Antwort: Eine einzelne solche Lampe verbraucht $100\ .\ 0{,}6$ Watt; alle L Lampen verlangen somit $W = 60\, L$ Watt. Rechnet man noch 10 % Energieverlust durch die Leitungen u. s. w., so muss den Lampen die Energie von 66 L Watt zugeführt werden. Die Accumulatoren selbst verbrauchen während ihrer Entladung ebenfalls eine gewisse Energiemenge, welche sich aus der durchfliessenden Stromstärke und ihrem inneren Widerstand ergiebt. Erstere beträgt 0,6 L Ampère, letztere sei $= r = \dfrac{1}{40}$ Ohm; dann ist der Betrag dieses Energieverbrauchs

$$W' = (0,6\ L)^2 \times n\,r = 0,36\ L^2 \cdot \frac{n}{40} = \frac{9}{1000}\ n\,L^2 \ \text{Watt.}$$

Die in den Accumulatoren angesammelte Energiemenge ergiebt sich wie folgt: Jeder der n Accumulatoren hat 2,0 Volt elektromotorische Kraft; sie alle müssen 0,6 L Ampère Strom abgeben können und demnach 2,0 . $n \times$ 0,6 L Watt Energie abzugeben haben.

Wenn man beide Energiemengen einander gleich setzt, so wird
$$66\ L + 0,009\ n\,L^2 = 2,0\ .\ 0,6\ n\,L$$
und hieraus
$$n = \frac{66}{1,2 - 0,009\ L}.$$

Die Kosten derselben belaufen sich dann auf
$$P = n\,f = \frac{66\,f}{1,2 - 0,009\ L}.$$

403) Eine Batterie von Accumulatoren hat an den Polen eine Potentialdifferenz von 115 Volt, 0,12 Ohm inneren Widerstand und die Eigenschaft, eine genügende Strommenge abgeben zu können. Wie viele Edison-Lampen A (100 Volt, 120 Ohm, 0,82 Ampère) können gespeist werden, wenn die Leitung 0,3 Ohm Widerstand hat?

Antwort: Bezeichnet l die Anzahl der Lampen, und setzt man die von den Accumulatoren abgebbare Strommenge der von den Lampen verlangten gleich, so ist

$$\frac{115}{0,12 + 0,3 + \dfrac{120}{l}} = l\ .\ 0,82,$$

somit $l = 48$ bis 49 Lampen.

404) Ein Accumulator, Faure-Sellon-Volkmar, hat 48 Ampère-Stunden Capacität und hält bei 2 Volt Potentialdifferenz einen Entladungsstrom von 7 Ampère aus; jede der 2 positiven und 3 negativen Platten hat 13 $\times$ 18 cm^2 Fläche. Wie gross muss ein Accumulator dieser Art mindestens sein, damit er in einem Stromkreis von 10 Ohm Widerstand noch 0,4 Ampère abgeben kann? Wie gross ist dessen Capacität?

Antwort: Damit bei 10 Ohm Widerstand die Stromabgabe 0,4 Ampère betrage, muss nach dem Ohm'schen Gesetz die elektromotorische Kraft $E = 0,4 \cdot 10 = 4$ Volt betragen. Dieser Bedingung wird genügt durch Anwendung zweier hinter einander geschalteter Accumulatoren.

Da von der ersten und letzten negativen Platte nur die eine Seite wirksam ist, oder da alle Seiten der positiven Platten wirksam sind, so sind an den positiven Platten und an den negativen Platten $4 \cdot 13 \cdot 18 = 936$ cm^2 wirksam. Jeder cm^2 giebt normaler Weise also $7 : 936 = 0,0074$ Ampère ab. Die verlangten 0,4 Ampère werden dann durch $0,4 : 0,0074 = 54$ cm^2 positiver und ebensoviel negativer Fläche geliefert. Baut man nun Accumulatoren mit einer positiven und zwei negativen Platten, so muss die positive Platte (und auch jede negative) $\dfrac{54}{2} = 27 = 3 \cdot 9$ cm^2 gross sein.

Die Capacität pro cm^2 beträgt $\dfrac{48}{936}$ Ampère-Stunden, so dass der gesuchte kleine Accumulator $\dfrac{48}{936} \cdot 27 \cdot 2 = 5,5$ Ampère-Stunden Capacität erhält.

XX. Schaltung der Elemente.

405) Man verfügt über zwei Daniell-Elemente, deren elektromotorische Kraft $0,955 \cdot 10^8$ *E. M. E.* und deren innerer Widerstand $0,85 \cdot 10^9$ *E. M. E.* beträgt. Welche Stromstärke lässt sich in einem Stromkreis herstellen, dessen äusserer Theil $5 \cdot 10^9$ *E. M. E.* Widerstand hat, 1) wenn man nur das eine Element benutzt; — 2) wenn beide Elemente hinter einander geschaltet werden; — 3) wenn beide Elemente neben einander geschaltet sind?

Antwort: Man erhält in jedem der drei Fälle bezüglich

$$J_1 = \frac{E}{R_i + R_a} = \frac{0,955 \cdot 10^8}{5 \cdot 10^9 + 0,85 \cdot 10^9} = 0,17 \cdot 10^{-1};$$

$$J_2 = \frac{2 \times 0,955 \cdot 10^8}{5 \cdot 10^9 + 2 \times 0,85 \cdot 10^9} = 0,3 \cdot 10^{-1};$$

$$J_3 = \frac{0{,}955 \cdot 10^8}{5 \cdot 10^9 + \frac{1}{2}\, 0{,}85 \cdot 10^9} = 0{,}185 \cdot 10^{-1}.$$

406) Man hat 6 Bunsen-Elemente von $1{,}734 \cdot 10^8$ *E. M. E.* elektromotorischer Kraft und $0{,}15 \cdot 10^9$ *E. M. E.* innerem Widerstand. Welche Stromstärken lassen sich durch verschiedene Kuppelung erreichen, wenn der äussere Stromkreis $5 \cdot 10^9$ *E. M. E.* Widerstand hat? — und welchen Strom gäbe ein Element?

Antwort: Ein Element giebt $J = \dfrac{1{,}734 \cdot 10^8}{5 \cdot 10^9 + 0{,}15 \cdot 10^9} =$

$= 0{,}336 \cdot 10^{-1}$; — alle Elemente hinter einander geben $J_{6,1} =$

$= \dfrac{6 \cdot 1{,}734 \cdot 10^8}{5 \cdot 10^9 + 6 \cdot 0{,}15 \cdot 10^9} = 1{,}76 \cdot 10^{-1}$; — drei Elemente hinter

einander $J_{3,2} = \dfrac{3 \cdot 1{,}734 \cdot 10^8}{5 \cdot 10^9 + \frac{3}{2} \cdot 0{,}15 \cdot 10^9} = 0{,}9956 \cdot 10^{-1}$; —

zwei Elemente hinter einander $J_{2,3} = \dfrac{2 \cdot 1{,}734 \cdot 10^8}{5 \cdot 10^9 + \frac{2}{3} \cdot 0{,}15 \cdot 10^9} =$

$= 0{,}680 \cdot 10^{-1}$; — alle Elemente neben einander $J_{1,6} =$

$= \dfrac{1{,}734 \cdot 10^8}{5 \cdot 10^9 + \frac{1}{6} \cdot 0{,}15 \cdot 10^9} = 0{,}3448 \cdot 10^{-1}.$

407) In einen Stromkreis, dessen äusserer Widerstand $80 \cdot 10^9$ *E. M. E.* beträgt, sind 6 Leclanché-Elemente von $1{,}481 \cdot 10^8$ *E. M. E.* elektromotorischer Kraft und $0{,}5 \cdot 10^9$ innerem Widerstand eingeschaltet. Welche Stromstärken lassen sich durch verschiedene Schaltung herstellen?

Antwort: $J_{6,1} = \dfrac{6 \cdot 1{,}481 \cdot 10^8}{80 \cdot 10^9 + 6 \cdot 0{,}5 \cdot 10^9} = 0{,}107 \cdot 10^{-1}$;

$J_{3,2} = 0{,}055 \cdot 10^{-1}$; $J_{2,3} = 0{,}037 \cdot 10^{-1}$; $J_{1,6} = 0{,}0185 \cdot 10^{-1}.$

408) Ein galvanoplastisches Bad hat $0{,}6 \cdot 10^9$ Widerstand; man verfügt über 6 Grove'sche Elemente von $1{,}956 \cdot 10^8$ elektromotorischer Kraft und $0{,}12 \cdot 10^9$ innerem Widerstand. Welche Stromstärken lassen sich herstellen?

Antwort: $J_{6,1} = 8{,}89 \cdot 10^{-1}$; $J_{3,2} = 7{,}52 \cdot 10^{-1}$; $J_{2,3} =$ $5{,}75 \cdot 10^{-1}$; $J_{1,6} = 3{,}15 \cdot 10^{-1}$ *E. M. E.*

409) Man gebe die allgemeine Formel an, durch welche die Stromstärke J als Funktion der n hinter einander geschalteten Elemente mit innerem Widerstand r, elektromotorischer Kraft e und dem äusseren Widerstand R dargestellt wird.

Antwort: $$J = \frac{n\,e}{n\,r + R}.$$

410) Welche allgemeine Formel giebt die Stromstärke J, wenn n gleiche Elemente von e elektromotorischer Kraft, r innerem, und R äusserem Widerstand neben einander (parallel) geschaltet werden?

Antwort: $$J' = \frac{e}{\dfrac{r}{n} + R} = \frac{n\,e}{r + n\,R}.$$

411) Wie lautet die allgemeine Bedingung, der zu Folge die Stromstärke unverändert bleibt, ob die Elemente parallel oder hinter einander geschaltet seien?

Antwort: Die Aufgabe verlangt nichts anderes, als dass die beiden allgemeinen Ausdrücke der Stromstärke in den beiden vorigen Aufgaben gleich seien. Die Brüche sind gleich, wenn ihre Nenner $n\,r + R = r + n\,R$, oder wenn $r = R$.

412) Welche Schaltung ist vortheilhafter, wenn $r > R$? — und welche, wenn $r < R$ ist?

Antwort: Schreibt man die Ausdrücke für J und J' in der Form

$$J = \frac{n\,e}{(r + R) + (n - 1)\,r}, \text{ und } J' = \frac{n\,e}{(r + R) + (n - 1)\,R},$$

so sieht man, dass für $r > R$ dann $J < J'$ ist.

413) Wie viele Reihen s von hinter einander geschalteten Elementen muss man aus n gleichen Elementen mit den Constanten e und r machen, um bei einem äusseren Widerstand R die grösste Stromstärke zu erzielen?

Antwort: Für diese Schaltungsweise ergiebt sich die Stromstärke nach dem Ohm'schen Gesetz zu

$$J = \frac{\dfrac{n}{s}\,e}{R + \dfrac{r}{s} \cdot \dfrac{n}{s}} = \frac{n\,s\,e}{s^2\,R + n\,r}.$$

Dieser Bruch wird ein Maximum für $s^2 R + n r$ als Minimum; oder, wie man nach bekannten Regeln findet, für

$$s = \frac{n r}{\sqrt{n r R}} = \sqrt{\frac{n r}{R}}.$$

Die maximale Stromstärke selbst wird dadurch zu

$$J_{max} = \frac{e}{2} \sqrt{\frac{n}{r R}}.$$

414) Wie viele Reihen σ von hinter einander geschalteten Elementen muss man aus n gleichen Elementen mit den Constanten e und r machen, um bei einem äusseren Widerstand R die grösste Energie zu erzielen?

Antwort: Die verfügbare Energie ergiebt sich als Produkt aus Stromstärke und elektromotorischer Kraft zu

$$W = J \cdot \frac{n}{\sigma} e = \frac{n \sigma e}{\sigma^2 R + n r} \cdot \frac{n e}{\sigma} = \frac{n^2 e^2}{\sigma^2 R + n r}.$$

Dieser Werth wird wie in der vorigen Aufgabe zu einem Maximum, wenn

$$\sigma = \sqrt{\frac{n r}{R}}.$$

Die maximale Energie wird, durch Einsetzen dieses Werthes von σ zu

$$W = \frac{n e^2}{2 r}.$$

415) Man verfügt über 40 Daniell'sche Elemente mit je $0{,}30 \cdot 10^9$ innerem Widerstand; wie muss man dieselben schalten, um bei $3 \cdot 10^9$ *E. M. E.* äusserem Widerstand die grösste Stromstärke zu erzielen?

Antwort: Mit Anwendung des eben gefundenen Ergebnisses wird $s = 2$; d. h. es sind 2 Reihen von 20 hinter einander geschalteten Elementen zu bilden.

416) Sechs Bunsen-Elemente von $1{,}734 \cdot 10^8$ elektromotorischer Kraft und $0{,}15 \cdot 10^9$ *E. M. E.* Widerstand sind auf die Mitten der Seiten und die Ecken eines gleichseitigen Dreiecks vertheilt, und so erst drei, dann zwei Elemente parallel geschaltet. Diese zwei Säulen sind unter sich und mit dem sechsten Element hinter einander geschaltet. Wie stark wird der Strom bei $5 . 10^9$ *E. M. E.* äusserem Widerstand?

Antwort: Nach dem Ohm'schen Gesetz ist

$$J = \frac{3 \times 1{,}734 . 10^8}{5 . 10^9 + \frac{1}{3} . 0{,}15 . 10^9 + \frac{1}{2} . 0{,}15 . 10^9 + 1 . 0{,}15 . 10^9} =$$

$$= 0{,}986 .. 10^{-1} \; E. \; M. \; E.$$

417) Es sind 30 Planté'sche Elemente von $0{,}05 . 10^9$ *E. M. E.* innerem Widerstand hinter einander in einen Kreis von $8 . 10^9$ *E. M. E.* Widerstand geschaltet worden. Wie stark ist der Entladungsstrom, wenn jedes Element $2{,}02 . 10^8$ *E. M. E.* elektromotorischer Kraft hat?

$$\textit{Antwort:} \quad J = \frac{30 \times 2{,}02 . 10^8}{8 . 10^9 + 30 . 0{,}05 . 10^9} = 6{,}37 . 10^{-1} \; E. \; M. \; E.$$

418) Man will ein Bunsen-Element von 1,8 Volt und 0,11 Ohm durch eine Batterie kleiner Daniell'scher Elemente ersetzen, deren elektromotorische Kraft 0,9 Volt, und deren innerer Widerstand 11 Ohm beträgt. Wie viele solcher Elemente sind nothwendig, wenn man den äusseren Widerstand als gleich Null annimmt?

Antwort: (Schöntjes). Damit die elektromotorische Kraft der Daniell-Batterie dem Bunsen-Element gleich werde, müssen zwei derselben hinter einander geschaltet werden; denn es ist dann $E_{2D} =$

$$= 2 \times 0{,}9 \; \text{Volt} = 1{,}8 \; \text{Volt} = E_B.$$

Um denselben Strom wie ein Bunsen-Element, also $J = \dfrac{E}{R} =$

$= \dfrac{1{,}8}{0{,}11} = 16{,}363$ Ampère, zu liefern, müssen so viele Elemente

Daniell N neben einander geschaltet werden, dass $\dfrac{N . 0{,}9}{2 . 11}$ Ampère $=$

$= 16{,}363$ Ampère; also $N = 400$ Elemente. In der That ist der

von einem Paar Daniell'scher Elemente gelieferte Strom $\dfrac{0{,}9}{2 . 11}$, und

nicht $\dfrac{0{,}9}{11}$, weil der innere Widerstand verdoppelt wurde. — Es

würden somit 400 Daniell'sche Elemente, welche in 200 Reihen zu 2 Elementen geordnet sind, die Aufgabe lösen.

8*

XXI. Stromverzweigung.

419) Ein elektrischer Strom kommt durch einen Draht A nach einem Punkt O, wo sich derselbe in die zwei Zweige B und C trennt. Ein Galvanometer zeigt in diesen die Stromstärken $0{,}08 \cdot 10^{-1}$ *E. M. E.* und $0{,}62 \cdot 10^{-1}$ *E. M. E.* an. Wie stark war der Strom in A?

Antwort: $0{,}08 \cdot 10^{-1} + 0{,}62 \cdot 10^{-1} = 0{,}7 \cdot 10^{-1}$ *E. M. E.*

420) Es kommen drei Drähte in einem Punkt zusammen; der erste führt $0{,}16 \cdot 10^{-1}$ *E. M. E.* Elektricität zu, der zweite führt $0{,}38 \cdot 10^{-1}$ *E. M. E.* ab; was macht der dritte?

Antwort: Dem Kirchhoff'schen Satze entsprechend muss der dritte Draht so viel Strom zuführen als

$$0{,}16 \cdot 10^{-1} + x = 0{,}38 \cdot 10^{-1}$$

verlangt, d. i. $0{,}22 \cdot 10^{-1}$ *E. M. E.*

421) In einem Punkt kommen 9 Drähte zusammen, von denen 5 je vom gleichnamigen Pol von 5 Batterien ausgehen. Die erste dieser Batterien besteht aus einem Daniell'schen Element, die zweite aus 2, u. s. f., die fünfte aus 5 parallel geschalteten Daniell'schen Elementen. In die 4 übrigen Drähte sind folgende Widerstände eingeschaltet: $4 \cdot 10^9$, ferner $8 \cdot 10^9$, ferner $12 \cdot 10^9$ und $16 \cdot 10^9$ *E. M. E.*; der von den Batterien kommende Strom vereinigt sich im genannten Punkt und strömt dann durch die 4 Drähte weiter. Wie stark ist der Strom in jedem derselben, wenn jedes Element $0{,}17 \cdot 10^{-1}$ *E. M. E.* Strom liefert?

Antwort: Dem Vereinigungspunkt wird die Strommenge

$$(1 + 2 + 3 + 4 + 5) \cdot 0{,}17 \cdot 10^{-1} = 2{,}55 \cdot 10^{-1} \text{ *E. M. E.*}$$

zugeführt. Dieselbe vertheilt sich in die 4 Drähte im umgekehrten Verhältniss ihrer Widerstände. Da diese sich wie $1 : 2 : 3 : 4$ verhalten, so wird $\frac{4}{10} \cdot 2{,}55 \cdot 10^{-1} = 1{,}02 \cdot 10^{-1}$ durch den ersten Draht, $\frac{3}{10} \cdot 2{,}55 \cdot 10^{-1} = 0{,}765 \cdot 10^{-1}$ durch den zweiten, $\frac{2}{10} \cdot 2{,}55 \cdot 10^{-1} = 0{,}51 \cdot 10^{-1}$ durch den dritten, und $\frac{1}{10} \cdot 2{,}55 \cdot 10^{-1} = 0{,}255 \cdot 10^{-1}$ *E. M. E.* durch den vierten Draht gehen.

422) Zwischen zwei Punkten eines Stromkreises finden sich zwei Zweige mit den Widerständen r_1 und r_2; die gesammte durchfliessende Strommenge ist i. Welcher Strom fliesst in jedem der Zweige?

Antwort: Durch Anwendung des ersten und zweiten Kirchhoff'schen Satzes hat man

$$i_1 + i_2 = i;$$
$$i_1 r_1 + i_2 r_2 = 0.$$

Indem man nach den Unbekannten i_1 und i_2 auflöst, findet man

$$i_1 = \frac{i\, r_2}{r_2 - r_1}; \qquad i_2 = \frac{i\, r_1}{r_2 - r_1}.$$

423) Ein gewisser Stromkreis theilt sich in einem seiner Punkte in n Zweige von gleichem Widerstand. Anstatt nun in die Hauptleitung einen Widerstand r einzuschalten, will man passende Widerstände in jeden der Zweige einschalten. Wie gross muss ein solcher Widerstand sein, damit die Wirkung aller derjenigen des Widerstandes r gleichkommt?

Antwort: Wenn man sich in die Hauptleitung einen Draht von 1 m Länge eingeschaltet denkt, so wird dadurch der Strom mehr abgeschwächt, als wenn man einen solchen Draht in jeden Zweig einführte; denn wenn man sich letztere alle zu einem Bündel vereinigt denkt, so würden sie eine Leitung von n mal grösserem Querschnitt bilden. Der Widerstand würde nur derselbe werden, wenn man in jeden Zweig einen n mal längeren Draht einschaltet als in die Hauptleitung. Daraus ersieht man, dass ein Widerstand r in der Hauptleitung dieselbe Wirkung hat wie der Widerstand $n\,r$, den man in jeden der n Zweige einführt.

424) Wenn ein Stromkreis sich in zwei Zweige mit den Widerständen r_1 und r_2 trennt, welche Widerstände muss man dann in jeden der Zweige einschalten, damit ihre Wirkung dieselbe sei wie diejenige des Widerstandes R, den man im Hauptstrom einfügen würde?

Antwort: Denkt man sich die zwei Zweige mit den Widerständen r_1 und r_2 erhalten durch Vereinigung von p und von q gleichen Zweigen, so müssen diese Zahlen p und q zunächst der Gleichung $r_1 : r_2 = q : p$ genügen. Der Widerstand R im Hauptkreis kann nach der vorigen Aufgabe ersetzt werden durch $(p + q)\, R$

Widerstandseinheiten in jedem der $(p + q)$ Zweige, oder aber durch $\dfrac{p + q}{p} R$ Widerstandseinheiten im Zweig r_1, und durch $\dfrac{p + q}{q} R$ Widerstandseinheiten im Zweig r_2. — Obige Proportion liefert aber $\dfrac{r_1 + r_2}{r_2} = \dfrac{p + q}{p}$ und $\dfrac{r_1 + r_2}{r_1} = \dfrac{p + q}{q}$, so dass die in die Zweige einzuschaltenden Widerstände ausgedrückt werden können durch $\dfrac{r_1 + r_2}{r_2} R$ im Zweig mit dem Widerstand r_1, und $\dfrac{r_1 + r_2}{r_1} . R$ im Zweig mit dem Widerstand r_2.

425) Eine Leitung verzweigt sich in zwei Zweige, deren Widerstände bezüglich r_1 und r_2 sind. Wie gross muss der Widerstand X sein, der, in die Hauptleitung eingeschaltet, die Widerstände r_1 und r_2 ersetzt?

Antwort: Es sei J die Stromstärke, welche sich in die zwei Theile i_1 und i_2 theilt, und sei e die Potentialdifferenz zwischen den Enden der Zweige; dann muss

$$e = i_1 r_1 = i_2 r_2 = J . X$$

und
$$J = i_1 + i_2$$

sein. Durch Elimination von i_1 und i_2 ergiebt sich

$$X = \frac{r_1 r_2}{r_1 + r_2}.$$

Zweite Lösung: Der Strom J findet einmal die Leitungsfähigkeit $\dfrac{1}{r_1} + \dfrac{1}{r_2}$ vor, und $\dfrac{1}{X}$ das andere Mal. Da beide einander gleich sein sollen nach Bedingung, so ist

$$\frac{1}{r_1} + \frac{1}{r_2} = \frac{1}{X}, \quad \text{woraus} \quad X = \frac{r_1 r_2}{r_1 + r_2}.$$

426) In einem Stromkreis sind zwei Glühlampen von 120 Ohm und 140 Ohm parallel eingeschaltet. Welchen Widerstand liefern sie im Stromkreis?

Antwort: 64,6 Ohm.

427) Eine Leitung verzweigt sich von einem Punkt aus in n Zweige, deren Widerstände r_1, r_2, ..., r_n sind und man will diese durch einen einzigen Widerstand X ersetzen; wie gross muss er sein?

Antwort: Durch Rekursion erhält man aus der Lösung der vorletzten Aufgabe, dass

$$X = \frac{r_1\, r_2\, r_3 \,\ldots\ldots\, r_n}{(r_1\, r_2 \ldots r_n - 1) + (r_1\, r_2\, r_3 \ldots r_{n-2} \cdot r_n) + \ldots\ldots};$$

d. h. der gesuchte Widerstand X ist gleich dem Quotienten aus dem Produkt aller n Widerstände r_i dividirt durch die Summe der Produkte dieser nämlichen Widerstände zu $(n - 1)$ combinirt.

Die zweite Auflösung derselben vorletzten Aufgabe würde liefern

$$\frac{1}{X} = \sum \left(\frac{1}{r_i}\right).$$

428) Ein kleiner Siemens'scher Widerstandskasten besteht aus drei Widerständen, von denen je ein Drahtende nach einer gemeinschaftlichen Klemme A_0 geht, während die anderen Enden nach besonderen Klemmen A_1, A_2, A_3 gehen. Die drei Widerstände haben die Werthe $A_0\,A_1 = 11{,}6$ Ohm; $A_0\,A_2 = 26{,}2$ Ohm; und $A_0\,A_3 = 105$ Ohm. Welche Widerstände lassen sich herstellen, wenn man diese Widerstände parallel verbindet und zwar 1) je zwei, und 2) alle drei?

Antwort: $R_{1,2} = 8{,}04$ Ohm; $R_{1,3} = 10{,}45$ Ohm; $R_{2,4} = 20{,}97$ Ohm; $R_{1,2,3} = 7{,}47$ Ohm.

429) Vier Drähte von 5,5, von 18,0, von 3,7 und von 2,9 Ohm Widerstand sind parallel angeordnet und in einen Stromkreis eingeschaltet. Welchen Widerstand stellen sie dar?

Antwort: $X = 1{,}17$ Ohm.

430) Durch welchen Widerstand X in der Hauptleitung kann der Widerstand r in jedem der n gleichen Zweige einer Verzweigung ersetzt werden?

Antwort: Die vorletzte Aufgabe giebt für diesen besonderen Fall

$$X = \frac{r^n}{n \cdot r^{n-1}} = \frac{r}{n}.$$

431) Zwischen zwei Punkten einer Leitung sind 8 Edison-Lampen parallel eingeschaltet, von denen jede 120 Ohm Widerstand

hat. Welcher Widerstand ist hierdurch in die Hauptleitung eingeschaltet worden?

Antwort: $X = \dfrac{120^8}{8 \cdot 120^7} = \dfrac{120}{8} = 15$ Ohm.

432) In den Stromkreis einer Dynamomaschine mit 0,01 Ohm
innerem Widerstand sind 600 Siemens-Lampen (100 Ohm, 0,9 Ampère) parallel eingeschaltet worden. Welche elektromotorische Kraft
muss die Maschine haben?

Antwort: $600 \cdot 0{,}9 \times \left(0{,}01 + \dfrac{100}{600}\right) = 95{,}4$ Volt.

433) Drei von einem Punkt ausgehende Zweige einer nämlichen
Leitung haben die Widerstände r_1, r_2, r_3. Welche Widerstände sind
in jeden der Zweige einzuschalten, damit sie einem Widerstand r in
der Hauptleitung entsprechen?

Antwort: Nimmt man zunächst an, man habe nur zwei Zweige
mit den Widerständen r_1 und R, wo R die Widerstände r_2 und r_3
ersetzen soll, dann wären die einzusetzenden Widerstände bezüglich
$\dfrac{r}{R}(r_1 + R)$ und $\dfrac{r}{r_1}(r_1 + R)$ nach Aufgabe 424. Da aber letzterer
Widerstand sich auf die zwei Zweige r_2 und r_3 vertheilen soll, so
muss er ersetzt werden durch

$$\frac{r}{r_1}(r_1 + R) \cdot \frac{r_2 + r_3}{r_3} \quad \text{und} \quad \frac{r}{r_1}(r_1 + R) \cdot \frac{r_2 + r_3}{r_2}.$$

Nach Aufgabe 425 ist aber $R = \dfrac{r_2\, r_3}{r_2 + r_3}$, so dass man durch
Substitution dieses Werthes für die gesuchten Widerstände die Ausdrücke erhält

$$r \cdot \frac{r_1 r_2 + r_1 r_3 + r_2 r_3}{r_2 r_3}, \quad r \cdot \frac{r_1 r_2 + r_1 r_3 + r_2 r_3}{r_1 r_3}, \quad r \cdot \frac{r_1 r_2 + r_1 r_3 + r_2 r_3}{r_1 r_2}.$$

434) Ein Stromkreis theilt sich in n Zweige, deren Widerstände r_1, r_2, ..., r_n sind. Statt in die Hauptleitung einen Widerstand r einzuschalten, will man Widerstände in die Zweige einschalten. Wie gross müssen diese sein?

Antwort: Man erhält den in jeden Zweig einzuführenden
Widerstand, indem man r mit dem Quotienten aus der Summe der
zu $(n - 1)$ combinirten Widerstände r_i durch das Produkt der
$(n - 1)$ den anderen Zweigen angehörenden Widerstände multiplicirt.

435) Welcher Widerstand ist in jeden der n gleichen Zweige einzuschalten, damit dasselbe erreicht wird, wie durch Einschaltung eines Widerstandes r in der Hauptleitung?

Antwort: Durch Specialisirung der vorigen Auflösung wird

$$X = \frac{\frac{n!}{(n-1)!} \cdot r^{n-1}}{r^{n-1}} \cdot r = n\,r.$$

436) Man will 110 Swan-Lampen (1,22 Ampère, 38 Volt) in 55 Reihen von je 2 Lampen aufstellen. Die Dynamomaschine kann 1,6 und die Leitung 2,3 Ohm Widerstand haben. Wie gross muss dann die elektromotorische Kraft der Maschine sein?

Antwort: Die elektromotorische Kraft ergiebt sich nach $E = J \cdot R$. Die nöthige Strommenge ergiebt sich zu $J = 55 \cdot 1{,}22 = 67{,}1$ Ampère. Der gesammte zu überwindende Widerstand ist

$$R = 1{,}6 + 2{,}3 + \frac{2 \cdot 38}{55 \cdot 1{,}22} = 5{,}03 \text{ Ohm.}$$

Demnach wird $E = 67{,}1 \cdot 5{,}03 = 337{,}5$ Volt.

437) Eine Dynamomaschine liefert den Strom zu 60 Edison-Lampen C (zu 208 Ohm und 0,50 Ampère); die Lampen sind in 20 Reihen zu drei angeordnet; die Leitung hat 4,6 Ohm und die Dynamo 2,4 Ohm Widerstand. Wie gross ist die elektromotorische Kraft dieser Dynamo?

Antwort: $E = J \cdot R = 20 \cdot 0{,}50 \times \left(2{,}4 + 4{,}6 + \frac{3 \cdot 208}{20}\right) = {} = 382$ Volt.

438) Wie viele Daniell-Elemente (1 Volt, 5 Ohm) sind nöthig, um eine Brushmaschine zu ersetzen, welche 10,55 Ohm Widerstand und 839 Volt Spannung hat?

Antwort: (Day). Angenommen, es bedürfe y Reihen von je x Elementen, so ist die elektromotorische Kraft einer Reihe $x \times 1$ Volt, oder, um der gestellten Bedingung zu genügen, $x = 839$. Der Widerstand der Batterie ist $R = \dfrac{839 \cdot 5}{y}$, oder, nach Aufgabe, $R = 10{,}55$; somit $y = 397{,}63$. Die Anzahl der nöthigen Daniell'schen Elemente beträgt sonach $N = x \cdot y = 839 \cdot 397{,}63 = 333\,612$ Elemente.

439) Die zwei Zweige eines nämlichen Stromkreises haben die Widerstände r_1 und r_2; die Stromstärke im einen Zweig ist i_1; wie gross ist sie im anderen?

Antwort: Es sei i_2 die gesuchte Stromstärke und i diejenige im Hauptstromkreis; dann ist $i_1 = \dfrac{i\,r_2}{r_2 - r_1}$ und $i_2 = \dfrac{i\,r_1}{r_2 - r_1}$ nach Aufgabe 422. Hieraus ergiebt sich durch Elimination von i, dass

$$i_2 = \frac{i_1\,r_1}{r_2}.$$

440) Man verlangt, dass in einer Verzweigung mit zwei Zweigen der Strom im Zweig mit dem Widerstand r_1 nur $\dfrac{1}{n}$ des Stromes im anderen Zweig sei. Wie gross muss der Widerstand im anderen Zweig gemacht werden?

Antwort: Da nach voriger Aufgabe sich die Stromstärken umgekehrt verhalten wie die Widerstände, so muss $r_1 : r_2 = \dfrac{1}{n}\, i : i$ sein, oder $r_2 = n\,r_1$.

441) Die Stromstärke im einen Zweig soll $\dfrac{1}{n}$ der Stromstärke in der Hauptleitung sein.

Antwort: Es sei i die Stromstärke in der Hauptleitung, dann fliesst nach der Aufgabe $\dfrac{1}{n}\, i = i_1$ im einen Zweig, und $i - i_1 =$

$$= i_2 = i - \frac{1}{n}\, i = \frac{n-1}{n}\, i$$ im anderen Zweig. Damit diese Ströme wirklich in den Zweigen fliessen, müssen sich deren Widerstände umgekehrt wie die Ströme verhalten, es muss also

$$r_1 : r_2 = \frac{n-1}{n}\, i : \frac{1}{n}\, i,$$

oder $r_1 = (n-1)\,r_2$ gemacht sein.

442) Welche Widerstände müssen zwei Zweige haben, damit der Strom im einen 0,01 des Stromes im anderen Zweig sei?

Antwort: Nach der vorigen Aufgabe muss $r_1 = (100 - 1)\,r_2 = 99\,r_2$ sein.

443) Um eine Stromstärke in einer Hauptleitung zu bestimmen, hat man zwei Zweige gemacht und in den einen ein Galvanometer mit $148{,}5 \cdot 10^9$ *E. M. E.* Widerstand, in den anderen einen Draht mit $1{,}5 \cdot 10^9$ *E. M. E.* Widerstand eingeschaltet. Das Galvanometer zeigte eine Stromstärke von $0{,}0078 \cdot 10^{-1}$ *E. M. E.* an; wie stark war der Strom in der Hauptleitung?

Antwort: Zwischen der Zahl n, welche angiebt, wie viel mal der Hauptstrom stärker als der Galvanometerstrom ist, und den Widerständen in den beiden Zweigen besteht nach Aufgabe 441 die Beziehung

$$148{,}5 \cdot 10^9 = (n - 1) \cdot 1{,}5 \cdot 10^9,$$

woraus folgt, dass $n = 100$, und $i = 100 \cdot 0{,}0078 \cdot 10^{-1} = 0{,}78 \cdot 10^{-1}$ *E. M. E.*

444) Zwei Punkte sind durch drei Drähte verbunden; der erste enthält ein Bunsen-Element mit $1{,}734 \cdot 10^8$ *E. M. E.* elektromotorischer Kraft und hat einen Widerstand von $0{,}66 \cdot 10^9$ *E. M. E.*; die beiden anderen Drähte enthalten bezüglich die Widerstände $16 \cdot 10^9$ und $2 \cdot 10^9$ *E. M. E.* Wie stark ist der Strom in jedem der drei Drähte?

Antwort: Nach den Kirchhoff'schen Sätzen ist

$$i_2 = i_1 + i_3;$$

$$i_1 r_1 + i_2 r_2 = E;$$

$$i_1 r_1 - i_3 r_3 = 0.$$

Löst man diese Gleichungen nach i_1, i_2, i_3 auf, so wird

$$i_1 = \frac{r_3 E}{r_1 r_2 + r_1 r_3 + r_2 r_3}; \qquad i_2 = \frac{(r_1 + r_3) E}{r_1 r_2 + r_1 r_3 + r_2 r_3};$$

$$i_3 = \frac{r_1 E}{r_1 r_2 + r_1 r_3 + r_2 r_3}.$$

Für die angegebenen Zahlenwerthe wird $i_1 = 0{,}124 \cdot 10^{-1}$; $i_2 = 1{,}110 \cdot 10^{-1}$; $i_3 = 0{,}996 \cdot 10^{-1}$ *E. M. E.*

445) In den ersten von drei Drähten, welche zwischen zwei Punkten gelegt sind, ist ein Daniell-Element $(1{,}079 \cdot 10^8)$ eingeschaltet; im zweiten liegt ein Grove-Element $(1{,}956 \cdot 10^8)$; die Widerstände in den drei Drähten betragen $r_1 = 5 \cdot 10^9$; $r_2 =$

$= 11 \cdot 10^9$ und $r_3 = 23 \cdot 10^9$ *E. M. E.* Wie stark sind die Ströme in den drei Zweigen, wenn man annimmt, die positiven Pole beider Elemente seien nach demselben Punkt gekehrt?

Antwort: Die Kirchhoff'schen Sätze geben die drei Gleichungen

$$i_1 + i_2 = i_3;$$
$$i_1 r_1 + i_3 r_3 = E_1;$$
$$i_2 r_2 + i_3 r_3 = E_2;$$

woraus folgt, dass

$$i_1 = \frac{(r_2 + r_3)\, E_1 - r_3\, E_2}{r_1 r_2 + r_1 r_3 + r_2 r_3} = - \, 0{,}022 \cdot 10^{-1};$$

$$i_2 = \frac{(r_1 + r_3)\, E_2 - r_3\, E_1}{r_1 r_2 + r_1 r_3 + r_2 r_3} = 0{,}078 \cdot 10^{-1};$$

$$i_3 = \frac{r_1 E_2 + r_2 E_1}{r_1 r_2 + r_1 r_3 + r_2 r_3} = 0{,}1 \cdot 10^{-1} \; E.\ M.\ E.$$

446) Die 6 Seiten eines Tetraeders $ABCO$ werden von leitenden Drähten gebildet. In der Kante BC, welche der Kante AO gegenüberliegt, befindet sich ein Element mit der elektromotorischen Kraft E; die Widerstände in den einzelnen Zweigen BC, AC, AB, OA, OB, OC sind bezüglich r_1, r_2, r_3, r_4, r_5, r_6. Welcher Strom fliesst in jedem der Zweige?

Antwort: Nach den Kirchhoff'schen Sätzen ist

$$i_1 - i_5 - i_3 = 0; \quad i_3 + i_4 - i_2 = 0; \quad i_2 + i_3 - i_1 = 0;$$
$$i_3 r_3 - i_4 r_4 - i_5 r_5 = 0; \quad i_4 r_4 + i_2 r_2 - i_6 r_6 = 0;$$
$$i_1 r_1 + i_2 r_2 + i_3 r_3 = E.$$

Durch Auflösung dieser Gleichungen erhält man

$$i_1 = \frac{E\left[r_4\,(r_2 + r_3 + r_5 + r_6) + (r_2 + r_6)\,(r_3 + r_5)\right]}{N};$$

$$i_2 = \frac{E\left[r_4\,(r_5 + r_6) + r_6\,(r_3 + r_5)\right]}{N};$$

$$i_3 = \frac{E\left[r_4\,(r_5 + r_6) + r_5\,(r_2 + r_6)\right]}{N}; \quad i_4 = \frac{E\,(r_2 r_5 - r_3 r_6)}{N};$$

$$i_5 = \frac{E\left[r_4\,(r_2 + r_3) + r_3\,(r_4 + r_2)\right]}{N};$$

$$i_6 = \frac{E\left[r_4\,(r_2 + r_3) + r_2\,(r_3 + r_5)\right]}{N}.$$

Hierin ist

$$N = r_1 r_4 (r_2 + r_3 + r_5 + r_6) + r_1 (r_2 + r_6) (r_3 + r_5) +$$
$$+ r_4 (r_5 + r_6) (r_2 + r_3) + r_5 r_6 (r_2 + r_3) + r_2 r_3 (r_5 + r_6).$$

447) Welche Form nehmen die Ausdrücke für die Stromstärken an, wenn die Drähte noch ein Tetraeder bilden, wenn aber das Element in einem der von O ausgehenden Drähte liegt?

Antwort: Die Form der Ausdrücke ist dieselbe, weil alle Seitenkanten wieder ähnlich zum Element liegen wie vorhin.

448) Man hat eine tetraedrische Drahtverbindung hergestellt und in zwei gegenüberstehende Zweige die elektromotorischen Kräfte E_3 und E_6 eingeschaltet. Wie gross sind die Stromstärken in den einzelnen Zweigen?

Antwort: Die Kirchhoff'schen Sätze ergeben die Gleichungen

$$i_1 + i_5 - i_3 = 0; \qquad i_3 r_3 + i_4 r_4 + i_5 r_5 = E_3;$$
$$i_2 + i_4 - i_3 = 0; \qquad i_1 r_1 - i_5 r_5 - i_6 r_6 = E_6;$$
$$i_4 - i_5 + i_6 = 0; \qquad i_1 r_1 + i_3 r_3 + i_2 r_2 = E_3.$$

Durch deren Auflösung findet man $i_5 =$

$$\frac{r_4 \left\{ [r_1 r_2 + r_1 r_4 + r_1 r_6 + r_2 r_6] E_3 - [r_1 r_4 + r_2 r_3 + r_2 r_4 + r_3 r_4] E_6 \right\}}{(r_2 r_5 - r_1 r_4)(r_1 r_4 - r_3 r_6) + (r_5 r_6 + r_1 r_4 + r_4 r_5 + r_4 r_6)(r_1 r_4 + r_2 r_4 + r_3 r_4 + r_2 r_3)};$$

$$i_3 = \frac{r_4 \left\{ (r_1 r_2 + r_1 r_4 + r_1 r_6 + r_2 r_3 + r_2 r_6 + r_4 r_5 + r_4 r_6 + r_5 r_6) E_3 + (r_2 r_5 - r_1 r_4) E_6 \right\}}{(r_2 r_5 - r_1 r_4)(r_1 r_4 - r_3 r_6) + (r_5 r_6 + r_1 r_4 + r_4 r_5 + r_5 r_6)(r_1 r_4 + r_1 r_2 + r_1 r_3 + r_2 r_3)}.$$

Es ist i_5 die Intensität in einem der Zweige, der kein Element enthält, während i_3 durch ein Element hindurchgeht.

449) Wie ändern sich die Ausdrücke für die Stromstärken, wenn eines der Elemente in dem vorhin angegebenen tetraedrischen Stromkreis umgekehrt wird?

Antwort: Aus Symetriegründen erfolgt keine Aenderung.

450) Man hat eine Drahtverbindung, in welcher die einzelnen Drähte so liegen wie die Kanten einer abgestumpften Pyramide; ein Element ist in eine Kante der Grundfläche eingeschaltet. Wie verhalten sich die Widerstände in den einzelnen Zweigen, wenn die Bedingung erfüllt ist, dass kein Strom in dem den Elementen gegenüberliegenden, nicht parallelen Zweig fliesst?

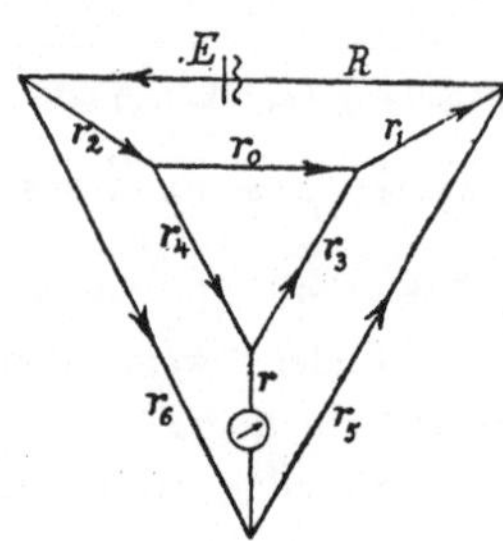

Antwort: (W. Thomson). Wenn man die Widerstände bezeichnet wie in Figur, und die Stromstärken ihnen entsprechend, sowie auch sogleich $i = 0$ setzt, so ergeben die Kirchhoff'schen Sätze

$$i_3 = i_4; \quad i_5 = i_6; \quad J = i_1 + i_5 = i_2 + i_6,$$

also $\qquad\qquad i_1 = i_2.$

Ferner ist

$$i_1 = i_0 + i_3;$$

$$i_0\, r_0 - i_3\, r_3 - i_4\, r_4 = 0;$$

$$i_1\, r_1 - i_5\, r_5 + i_3\, r_3 = 0;$$

$$i_2\, r_2 + i_4\, r_4 - i_6\, r_6 = 0.$$

Hieraus folgt zunächst

$$\frac{r_5}{r_6} = \frac{i_1\, r_1 + i_3\, r_3}{i_1\, r_2 + i_3\, r_4},$$

oder, wenn man $i_1 = \dfrac{i_3}{i_0}\,(r_0 + r_3 + r_4)$ ersetzt, so wird

$$\frac{r_5}{r_6} = \frac{r_1 + \dfrac{r_0\, r_3}{r_0 + r_3 + r_4}}{r_2 + \dfrac{r_0\, r_4}{r_0 + r_3 + r_4}}.$$

Wählt man ausserdem die Widerstände r_3, r_4, r_5, r_6 so, dass

$$r_3 : r_4 = r_5 : r_6 = n,$$

so ist auch $r_1 : r_2 = n$. Bei dieser Anordnung und bei bekanntem r_1 hat man dann

$$r_2 = \frac{r_1}{n}.$$

***

XXII. Induktion.

451) Auf einer Rhumkorff'schen Induktionsspule sind 100 *km* dünner Draht aufgewickelt; dieselbe giebt 15 *cm* lange Funken (40000 Volt); der Durchmesser der äussersten Schicht beträgt 14 *cm*. Wie gross ist die Potentialdifferenz, welche zwischen zwei möglichst nahe gelegenen Punkten zweier auf einander folgender Windungen herrscht?

Antwort: Da die ganze Länge des dünnen Drahtes 10^7 *cm* beträgt, so ist zwischen zwei um 1 *cm* abstehenden Punkten des ausgespannt gedachten Drahtes eine Potentialdifferenz von $\dfrac{40\,000}{10^7} =$

$= 4 \cdot 10^{-3}$ Volt. Eine Windung der äussersten Schicht ist $14\,\pi$ *cm* lang; die genannten Punkte werden also eine Potentialdifferenz haben, welche derjenigen der Entfernung $14\,\pi$ *cm* gleich kommt, d. i. $14\,\pi \cdot 4 \cdot 10^{-3} = 0{,}176$ Volt.

452) Welche Spannung haben zwei Punkte, welche möglichst nahe an einander, aber zwei übereinanderliegenden Schichten angehören und die Spule 30 *cm* lang ist und 0,02 *cm* dicken Draht hat?

Antwort: Diejenigen Windungen, welche die grösste Potentialdifferenz haben, liegen am einen Ende der Spule; das zwischen den betrachteten Punkten liegende Drahtstück bildet genau die ganze vorletzte Schicht und die ganze letzte Schicht; seine Länge beträgt also

$$\frac{30}{0{,}02} \cdot 14\,\pi + \frac{30}{0{,}02}\,(14 - 2 \cdot 0{,}02)\,\pi = 131\,811 \ cm.$$

Die Potentialdifferenz in den zwei Punkten beträgt also, mit Benutzung der vorigen Aufgabe,

$$131\,811 \cdot 4 \cdot 10^{-3} = 527{,}2 \text{ Volt.}$$

453) Auf einem ringförmigen Rahmen ist ein Draht in 18 Windungen aufgewickelt; derselbe kann um eine vertikale Axe gedreht werden und hat 15 *cm* Halbmesser. Der Widerstand des Drahtes beträgt $R = 0{,}4 \cdot 10^9$ *E. M. E.* Welche Stromstärke kann in ihm durch Rotation im erdmagnetischen Feld erzeugt werden, wenn die Horizontalcomponente den Werth $\varphi = 0{,}2$ Dyn hat, und der Rahmen mit der Geschwindigkeit $\omega = 8$ rotirt?

Antwort: Wenn eine Spule eine einzige Windung mit der Fläche F hat und sie sich in einem magnetischen Feld von gleichförmiger Intensität φ bewegt, so wird während einer ganzen Umdrehung ein Strom erzeugt, dessen elektromotorische Kraft

$$E = 2\,F\varphi$$

ist. Wenn nun die Rotationsgeschwindigkeit ω ist, die Spule aus n Windungen besteht und die rotirende Spule aus Kreisen vom Radius r besteht, so wird jene Beziehung zu

$$J \cdot R = E = 2\,\pi\,r^2 \cdot n \cdot \omega \cdot \varphi,$$

woraus

$$J = \frac{2\,\pi\,n\,\omega\,r^2\,\varphi}{R}.$$

Im vorgelegten Beispiel wird also ein Strom erzeugt werden, dessen Intensität

$$J = 1{,}018 \cdot 10^{-4}\ E.\ M.\ E.$$

454) Ein kreisförmiger Rahmen von 14 *cm* mittlerem Halbmesser und $n = 8$ Windungen macht 100 Umdrehungen in der Sekunde; das homogene magnetische Feld hat eine Stärke von $\varphi = 0{,}2$ Dyn und der inducirte Strom soll $J = 0{,}001\ E.\ M.\ E.$ betragen. Welchen Widerstand muss der aufgewundene Draht haben?

Antwort: $1{,}238 \cdot 10^9\ E.\ M.\ E.$

455) Ein Metallstab von 3 *m* Länge fällt mit gleichförmiger Bewegung und 200 *cm* Geschwindigkeit an einem Orte, wo die Horizontalcomponente des Erdmagnetismus 0,2 *E. M. E.* beträgt; der Stab behält immer seine horizontale Richtung bei. Welche elektromotorische Kraft wird im Stabe erzeugt?

Antwort: Die elektromotorische Kraft ist den sämmtlichen eingeführten Grössen proportional und ausserdem bewegt sich der Stab senkrecht zu den Kraftlinien; demnach wird

$$E = 0{,}2 \cdot 200 \cdot 300 = 12000\ E.\ M.\ E. = 0{,}00012\ \text{Volt.}$$

456) In einem glockenförmigen Elektromagnet verlaufen die Kraftlinien in der Richtung der Cylinderradien. Damit ein 5 *cm* langer Metalldraht sich an dessen innerer Wand hinbewegen könne, ist dieser durch radiale und senkrecht aufstehende Drahtstücke mit einem in der Cylinderaxe liegenden Draht so verbunden, dass ein von der Axe herkommender Strom durch eines der radialen Stücke nach dem 5 *cm* langen Hauptstück und dann dem parallelen Radius entlang wieder in die Axenrichtung gelangen müsste. Die radialen Stücke haben 3 *cm* Länge; der U-förmig gebogene Draht macht mit der Axe 1800 Umdrehungen in der Minute; an den Axenenden ist eine Potentialdifferenz von 16 Volt. Wie stark muss das magnetische Feld sein?

Antwort: Die gesuchte Stärke ergiebt sich aus der bekannten Beziehung

$$E = H v l \sin \varphi,$$

also aus

$$16 \cdot 10^8 \; E.\, M.\, E. = H \,\frac{2\,\pi \cdot 3 \cdot 1800}{60} \cdot 5 \cdot \sin 90^0$$

zu $H = 560000 \; E.\, M.\, E.$

457) Wie ändert sich die elektromotorische Kraft, welche durch den Elektromagneten der vorigen Aufgabe erzeugt wird, 1) wenn der einfache, 5 *cm* lange Draht durch 4 gleiche und gleichabstehende Drähte ersetzt wird? — 2) wenn der Draht durch einen 6 *cm* dicken und 5 *cm* hohen Hohlcylinder ersetzt wird?

Antwort: Da die elektromotorische Kraft nicht von der Anzahl der Drähte abhängt, so wird sie unverändert bleiben. Die angegebenen Abänderungen bewirken nur, dass die inducirte Strommenge eine andere wird.

XXIII. Die Arbeit.

458) Wie viel Wasser lässt sich höchstens durch eine Pferdekraftstunde zersetzen?

Antwort: Eine Pferdekraft ist gleichwerthig mit 75 *kgm*, und nach Everett bedarf es 14416 *kgm*, um 1 *gr* Wasser in einer Sekunde zu zerlegen; demnach liefert eine Pferdekraftstunde

$$75 \cdot \frac{3600}{14\,416} = 18{,}7 \; gr.$$

459) Welches Gewicht Wasserdampf lässt sich in der Stunde mit einer Pferdekraft erzeugen, wenn man voraussetzt, das Wasser habe anfänglich die Temperatur 10^0, der Druck betrage 760 *mm*, und alle Energie werde in Wärme umgesetzt und zur Verdampfung des Wassers benutzt?

Antwort: Um x *gr* Wasser zu verdampfen, ist eine Wärmemenge von

$$x \left\{ 1 \cdot (100 - 10) + 637 \right\} \; cal. \; gr$$

nöthig. Eine Pferdekraftstunde entspricht der Energie von $7{,}36 \cdot 10^9$ Erg, das mechanische Aequivalent einer Calorie-Gramm beträgt

$$424 \cdot 10^2 \; cm \cdot gr = 424 \cdot 10^2 \cdot 981 \; \text{Erg} = 415\,944 \cdot 10^2 \; \text{Erg}.$$

Demnach kann eine Pferdekraft eine Wärmemenge von $17\,694{,}7$ Cal. *gr* erzeugen, und diese Wärmemenge muss der Anfangs zur

Verdampfung verlangten gleich gesetzt werden. Dann ergiebt sich, dass $x = 24{,}3$ gr.

460) Wie vieler Watt, und wie vieler kgm bedarf es, um in einer Sekunde 1 gr Wasser zu zersetzen, wenn die Spannung an den Elektroden 2 Volt beträgt?

Antwort: Zur Zerlegung von 1 gr Wasser sind 10582 Ampère nöthig; wenn nun die elektromotorische Kraft 2 Volt beträgt, so müssen

$$2 \cdot 10\,582 = 21\,164 \text{ Watt} = 21\,164 \cdot 10^8 \cdot 10^{-1} \; E.\,M.\,E. =$$

$$= 21\,164 \cdot 10^7 \text{ Erg} = \frac{21\,164 \cdot 10^7}{981 \cdot 10^5} \; kgm = 2157 \; kgm = 29 \; \text{HP}$$

aufgewendet werden.

461) Wie viele Pferdekräfte müssen aufgewendet werden, um in einem Leiter von 4 Ohm Widerstand einen Strom von 15 Ampère zu unterhalten?

Antwort: Die Aufgabe verlangt eine Ausgabe von $15^2 \cdot 4$ Joule oder

$$\frac{900}{735} = 1{,}2 \text{ HP.}$$

462) Ein Stromkreis von 32 Ohm Widerstand soll 32 Pferdekräfte übertragen; wie stark muss der Strom sein?

Antwort: Aus der Beziehung

$$32 \text{ HP} = \frac{x^2 \cdot 32}{735}$$

ergiebt sich $x = 27{,}13$ Ampère.

463) Welche Stromstärke unterhält eine Arbeit von 8 Pferdekräften in einem Stromkreis, in welchem die elektromotorische Kraft 2000 Volt beträgt?

Antwort: Aus $8 \text{ HP} = \dfrac{x \cdot 2000}{735}$ wird $x = 2{,}944$ Ampère.

464) Man verfügt über eine Arbeit von 8 Pferdekräften und verlangt 5 Ampère Stromstärke. Wie gross darf der Widerstand des Stromkreises sein?

Antwort: $R = 588{,}0$ Ohm.

465) Welche elektromotorische Kraft muss eine Maschine haben, damit 4 Pferdestärken 28 Ampère zu erzeugen vermögen?

Antwort: $E = 105$ Volt.

466) Eine Dynamomaschine hat eine elektromotorische Kraft von 110 Volt; welchen Strom erzeugt sie mit 6 Pferdekräften?

Antwort: $J = 40,1$ Ampère.

467) Welche Arbeit kann eine Batterie im äusseren Stromkreis leisten, wenn dessen Widerstand $R = 32$ Ohm, der innere Widerstand $R_1 = 1,6$ Ohm und die elektromotorische Kraft $E = 15$ Volt ist?

Antwort: Die Stromstärke beträgt $J = \dfrac{E}{R + R_i} = \dfrac{15}{32 + 1,6} = 0,44$ Ampère; die verfügbare Arbeit wird somit

$$W = \frac{J^2 R}{9,81} = \frac{0,44^2 \cdot 32}{9,81} = 0,65 \; mkg.$$

468) Welchen Nutzeffekt erzielt eine Batterie, welche bei 5,2 Volt elektromotorischer Kraft und 18 Ohm innerem Widerstand noch 0,25 Ampère Strom liefert?

Antwort: Der Widerstand x des Stromkreises findet sich aus der Beziehung

$$0,25 = \frac{5,2}{18 + x}$$

zu $x = 2,8$ Ohm. Die geleistete Arbeit beträgt dann

$$W_n = \frac{0,25^2 \cdot 2,8}{9,81} = 0,018 \; mkg.$$

Die gesammte in der Batterie und im äusseren Stromkreis erzeugte Arbeit beträgt

$$W = \frac{0,25^2 \cdot 20,8}{9,81} = 0,133 \; mkg.$$

Hieraus ergiebt sich der Nutzeffekt zu

$$\varrho = \frac{W_n}{W} = \frac{0,018}{0,133} = 0,135 = 13\tfrac{1}{2} \, \%.$$

469) In welchem Falle beträgt der Nutzeffekt der Batterie 50 %?

Antwort: Damit $\varrho = 50 \%$, oder 0,5 sei, muss $W_n = 0,5 \, W$ sein, oder

$$\frac{J^2 R_a}{9{,}81} = 0{,}5 \; \frac{J^2 R}{9{,}81},$$

somit der äussere Widerstand R_a der Hälfte des Gesammtwiderstandes R, oder auch der äussere Widerstand dem inneren gleich sein.

470) Unter welcher Bedingung erlangt der Nutzeffekt einer Batterie den grössten möglichen Werth?

Antwort: Damit $\dfrac{W_n}{W} = \dfrac{J^2 R_a}{J^2 (R_a + R_i)} =$ Maximum, also der Einheit gleich sei, muss $R_a = R_a + R_i$, also R_i ein Minimum sein.

471) Wie gross ist der Nutzeffekt einer Batterie von 20 Daniell'-schen Elementen ($E = 1$ Volt, $R_i = 10$ Ohm) in einem Stromkreis, dessen äusserer Widerstand 3000 Ohm beträgt? — und wie gross ist der Nutzeffekt von 10 Bunsen-Elementen ($E = 1{,}7$ Volt, $R_i = 0{,}5$ Ohm) in demselben Stromkreis?

Antwort: Das Verhältniss der nutzbaren Arbeit zur Gesammtarbeit ist dasselbe wie das Verhältniss des äusseren Widerstandes zum Gesammtwiderstand. Der Nutzeffekt der Daniell'schen Batterie ist demnach

$$\varrho_1 = \frac{3000}{20 \cdot 10 + 3000} = \frac{15}{16} = 93{,}8\,\%;$$

während derjenige der Bunsen-Batterie $\varrho_2 = 99{,}8\,\%$ wird.

472) Wie gross ist der Nutzeffekt der Batterien (voriger Aufgabe), wenn der äussere Widerstand nur 6 Ohm beträgt?

Antwort: Für die Daniell'sche Batterie wird $\varrho_1 = 2{,}7\,\%$, und für die Bunsen-Batterie $\varrho_2 = 54{,}5\,\%$.

473) Wie verhält sich die nutzbare Arbeit W_n der Daniell'schen Batterie im Stromkreis mit 3000 Ohm äusserem Widerstand zur nutzbaren Arbeit derselben Batterie, aber im Stromkreis mit 6 Ohm äusserem Widerstand?

Antwort: Die nutzbare Arbeit hat in den beiden Fällen bezüglich den Betrag.

$$W_n = \frac{J^2 \cdot R_a}{9{,}81} = \left(\frac{E}{R_a + R_i}\right)^2 \cdot \frac{R_a}{9{,}81} = \left(\frac{20}{3000 + 200}\right)^2 \cdot \frac{3000}{9{,}81} =$$
$$= 0{,}0119 \; kgm$$

und 0,000373 *kgm*, so dass bei 3000 Ohm äusserem Widerstand die nutzbare Arbeit 32,2 mal grösser ist als bei 6 Ohm äusserem Widerstand.

Bei Verwendung der Bunsen-Batterie ist das Verhältniss 1,8 statt 32,2.

474) Man bestimme die in jeder Sekunde im äusseren Stromkreis von einer Batterie geleisteten Arbeit, wenn die Batterie aus 20 Daniell-Elementen von je 1 Volt Spannung und 10 Ohm Widerstand gebildet wird und der äussere Widerstand a) 190 Ohm, b) 200 Ohm, c) 210 Ohm beträgt.

Antwort: a) 0,050935 *kgm*, b) 0,050970 *kgm*, c) 0,050940 *kgm*.

475) Eine Swan-Lampe verlangt 100 Volt Spannung und 1,25 Ampère Strom. Welche Energie in Erg, in *kgrm* und in Pferdekräften verbraucht diese Lampe?

Antwort: Es ist dieser Energiebetrag

$$W = E \cdot J = 100 \cdot 10^8 \times 1,25 \cdot 10^{-1} = 125 \cdot 10^7 \text{ Erg} =$$

$$= \frac{125 \cdot 10^7}{981 \cdot 10^5} = 12,74 \text{ } kgm = 0,17 \text{ HP.}$$

476) Eine Bogen-Lampe verbraucht 12 Ampère, während die Kohlen eine Potentialdifferenz von 45 Volt anzeigen; welche Energiemenge wird von ihr aufgezehrt?

Antwort: $W = 12 \cdot 45$ Watt $= 540$ Watt $= 540 \cdot 10^7$ Erg $=$ $= 54,9$ *kgm*.

477) Man will drei Bogen-Lampen mit 12 Ampère Stromverbrauch und 2 Ohm Widerstand hinter einander schalten; wie viele Pferdekräfte sind nothwendig?

Antwort: $W = 3 \times 12 \cdot 10^{-1} \times 2 \cdot 10^9$ Erg $= 0,98$ HP.

478) Die Armatur einer Dynamo hat 0,5 Ohm Widerstand, die Leitungsdrähte haben 1,2 Ohm und jede der 4 hinter einander geschalteten Bogen-Lampen hat 2 Ohm Widerstand. Welcher Bruchtheil der Gesammtenergie wird demnach in den Lampen nutzbar verbraucht?

Antwort: Die gesammte im Stromkreis aufgewendete Energie beträgt

$$W = \frac{J^2 R}{9,81} = \frac{J^2\,(0,5 + 1,2 + 5\cdot 2)}{9,81} = \frac{J^2\cdot 11,7}{9,81}\ kgm,$$

während in den Lampen

$$W_n = \frac{J^2\cdot 5\cdot 2}{9,81}\ kgm$$

verbraucht wird, so dass der gesuchte Bruchtheil $\dfrac{10}{11,7} = 0,86$ wird.

479) Eine Batterie ist aus 30 Accumulatoren zusammengestellt, von denen jeder eine elektromotorische Kraft von 2 Volt hat; ihr gesammter innerer Widerstand beträgt 0,2 Ohm, derjenige der Leitungsdräthe 0,02 Ohm, und derjenige der 80 neben einander geschalteten Lampen noch 0,22 Ohm. Welcher Energieverbrauch entfällt auf eine Lampe?

Antwort: Die Accumulatoren-Batterie giebt im Ganzen einen Strom von

$$J = \frac{E}{R} = \frac{30\cdot 2}{0,2 + 0,02 + 0,22} = 136,3\ \text{Ampère,}$$

also 1,7 Ampère pro Lampe ab. — Da die 80 parallel geschalteten Lampen einen Widerstand von 0,22 Ohm haben, so hat jede derselben einen Widerstand von $0,22 \cdot 80 = 17,6$ Ohm. Die von ihr verbrauchte Energie beträgt demnach 5,18 *kgm*.

480) In den Stromkreis einer Dynamomaschine sind 40 Glüh-Lampen parallel eingeschaltet. Jede Lampe hat 120 Ohm Widerstand; die Dynamo wird mit 4 Pferdekräften angetrieben; ihr Nutzeffekt beträgt 60 % bei 1,8 Ohm innerem Widerstand; die Leitungsdräthe haben 1,2 Ohm Widerstand. Welche Energie verbraucht jede Lampe? und wie viel Strom entfällt auf jede Lampe?

Antwort: Die 4 Pferdekräfte liefern $4\cdot 75\cdot 0,60$ *kgm* elektrischer Energie. — Der Gesammtwiderstand des Stromkreises beträgt $\left(\dfrac{120}{40} + 1,8 + 1,2\right) = 6$ Ohm, so dass die elektrische Energie hiernach $\dfrac{J^2\cdot 6}{9,81}$ *kgm* betragen muss. Setzt man beide Energiemengen einander gleich, so wird

$$i = \frac{1}{40}\,J = \frac{1}{40}\sqrt{\frac{4\cdot 75\cdot 0,6\cdot 981}{6}} = 1,35\ \text{Ampère.}$$

Von jeder Lampe wird eine Energie von 22,5 *kgm* verbraucht.

481) Drei Swan-Lampen von 32 Ohm sind hinter einander geschaltet. Mit welcher Kraft stemmen sie sich gegen den Durchgang eines Stromes von 1,22 Ampère?

Antwort: $W = 1{,}22^2 \times 3 . 32 = 139{,}2$ Watt $= 14{,}2$ *kgm.*

482) Bis zu welcher Höhe vermag ein vollständig geladener Accumulator sein eigenes Gewicht zu heben? Zu welcher Höhe vermag er ein Gewicht mitzuschleppen, welches 10 mal grösser ist als das seinige?

Antwort: Ein Kilogramm eines guten Accumulators hat eine Capacität von ungefähr 7,5 Ampère-Stunden oder 7,5 . 3600 Ampère-Sekunden, welche er mit einer elektromotorischen Kraft von 2,0 Volt abgeben kann. Derselbe hat also per Kilogramm Eigengewicht eine Energie von 54000 Watt, oder 5505 *kgm.* Diese Energie hebt 1 *kg*, d. i. sein eigenes Gewicht bis auf 5505 *m* Höhe.

Wenn der Accumulator ausser seinem Gewicht noch ein 10 mal grösseres mitschleppen muss, so wird die Höhe nur $\dfrac{5505}{11} = 500$ *m* betragen.

XXIV. Magnetelektrische Maschine.

483) Durch Messung an einer Maschine hat man gefunden, dass die Potentialdifferenz an den Polen 75 Volt, der Armaturwiderstand 0,52 Ohm und die Stromstärke $J = 5$ Ampère beträgt bei einem äusseren Widerstand von 15 Ohm. Wie gross ist die elektromotorische Kraft dieser Maschine?

Antwort: Die Klemmspannung ist mit der Stromstärke und dem äusseren Widerstand durch das Ohm'sche Gesetz verbunden; es muss also 5 . 15 der Anzahl der Volt gleich sein, — wie es der Fall ist. Die elektromotorische Kraft der Maschine ist aber grösser als 75 Volt um den Betrag, welcher den Strom durch die Armatur treibt. Dieser Betrag macht 5 . 0,52 = 2,6 Volt aus, so dass die gesuchte elektromotorische Kraft = 75 + 2,6 = 77,6 Volt beträgt.

484) Man weiss, dass die Klemmspannung einer Dynamo 88 Volt und die Stromstärke $J = 0{,}25$ Ampère beträgt; wie gross muss dann der äussere Widerstand sein?

Antwort: Das Ohm'sche Gesetz ergiebt $R = 352$ Ohm.

485) Wie gross muss man den Armaturwiderstand einer Maschine wählen, damit ihr Nutzeffekt möglichst gross sei?

Antwort: Der Nutzeffekt wird ein Maximum, wenn die Arbeit im äusseren Stromkreis ein Maximum ist. Diese Arbeit ist dem Produkt der Volt-Ampère proportional. Zugleich muss die in der Armatur verbrauchte Arbeitsmenge möglichst klein und, da die Stromstärke überall dieselbe, also die in der Armatur wirkende elektromotorische Kraft möglichst klein sein. Nach dem Ohm'schen Gesetz ist diese dem Produkt aus Stromstärke und Widerstand gleich. Da erstere gegeben, so wird der Bedingung dadurch genügt, dass der innere Widerstand der Maschine möglichst klein gewählt wird.

XXV. Serien-Maschinen.

486) Eine grosse Edison-Maschine hat einen inneren Widerstand von 0,008 Ohm und eine elektromotorische Kraft von 105 Volt. Welche Stromstärke kann sie bei kurzem Schluss theoretisch erzeugen?

Antwort: Das anwendbare Ohm'sche Gesetz giebt 13 000 Ampère.

487) Die primäre Maschine, welche bei der Kraftübertragung zwischen Paris und Creil benutzt wurde, wurde mit 106 Pferdekräften angetrieben; die Klemmspannung dieser Maschine stieg auf 6004 Volt und die Stromstärke erreichte 9,879 Ampère. Wie gross war demnach die an den Klemmen verfügbare Arbeit? — wie gross die in der Maschine verbrauchte Arbeit? — und wie gross ihr Nutzeffekt?

Antwort: Die verfügbare Arbeitsmenge betrug

$$\frac{6004 \cdot 9{,}879}{735{,}66} = 80{,}4 \text{ HP};$$

der durch die Umsetzung hervorgebrachte Verlust betrug $106 - 80{,}4 = 25{,}4$ HP; und der Nutzeffekt hatte den Betrag von $\frac{80{,}4}{106} = 0{,}758$.

488) Die in Paris stehende sekundäre Maschine hatte eine Klemmspannung von 5456 Volt, sie erhielt noch 9,824 Ampère und erzeugte eine mechanische Arbeit von 52,1 HP. Wie gross war ihr Nutzeffekt?

Antwort: Die von der Maschine aufgenommene elektrische Energie beträgt

$$\frac{5456 \cdot 9{,}824}{735{,}66} = 73{,}1 \ \text{HP},$$

demnach ist ihr Nutzeffekt gleich $\dfrac{52{,}1}{73{,}1} = 71{,}3\ \%$.

489) Eine Gramme'sche Maschine, Modell AC, giebt mit 5 Pferdestärken 40 Ampère und 70 Volt Klemmspannung; wie gross ist ihr Nutzeffekt?

Antwort: $\varrho = \dfrac{40 \cdot 70}{735} \cdot \dfrac{1}{5} = 0{,}76$.

490) Eine Gramme'sche Maschine hat 10,2 Pferdekräfte verbraucht und 15,5 Ampère mit 278 Volt Klemmspannung erzeugt; man sucht deren Nutzeffekt.

Antwort: $\varrho = 0{,}57$.

491) Die primäre Maschine, welche bei den Versuchen der Kraftübertragung zwischen München und Miesbach gedient hat (1882), hatte einen inneren Widerstand von 453 Ohm und eine Klemmspannung von 1343 Volt; sie lieferte einen Strom von 0,519 Ampère. Welche verwendbare Energiemenge, und welche Gesammtenergiemenge hat diese Maschine erzeugt?

Antwort: Von den Klemmen konnte der Energiemenge 1343 . 0,519 = 697 Watt abgegeben werden. Die Maschine verbrauchte in ihrem Inneren die Energiemenge von $0{,}519^2 \cdot 453 =$ = 122 Watt. Die gesammte erzeugte Energiemenge betrug sonach 697 + 122 = 819 Watt.

492) Eine Dampfmaschine giebt in jeder Sekunde 225,14 *kgm* ab, um eine Dynamomaschine anzutreiben. Der innere Widerstand beträgt $R_i = 0{,}024$ Ohm, der äussere Widerstand $R_a = 0{,}1715$ Ohm, und die Stromstärke $J = 101{,}68$ Ampère. Welche Energiemenge wird im äusseren Stromkreis verausgabt? — Wie viel verbraucht der innere Widerstand? — Wie gross ist der elektrische Nutzeffekt? — Wie gross ist der mechanische Nutzeffekt?

Antwort: (Schöntjes). Die einzelnen gefragten Grössen ergeben sich bezüglich wie folgt: Ausgegebene Energie $= \dfrac{J^2 R_a}{9,81} =$

$$= \frac{101,68^2 \cdot 0,1715}{9,81} = 177,33 \ kgm;$$ aufgenommene Energie $= \dfrac{J^2 R_i}{9,81} =$

$$= \frac{101,68^2 \cdot 0,024}{9,81} = 24,71 \ kgm;$$ elektrischer Nutzeffekt $=$

$$= \frac{J^2 R_a}{J^2 R_a + J^2 R_i} = \frac{R_a}{R_a + R_i} = \frac{177,33}{177,33 + 24,71} = 83\,\%;$$

gesammter mechanischer Nutzeffekt $= \dfrac{177,33 + 24,71}{225,14} = 90\,\%;$

nutzbarer mechanischer Nutzeffekt $= \dfrac{177,33}{225,14} = 79\,\%.$

493) Eine gewisse Gramme'sche Maschine besitzt einen Armaturwiderstand von $R_1 = 1,82$ Ohm, und Elektromagnetspulen mit $R_2 = 4,26$ Ohm Widerstand. Mit Aufwand von 8,7 Pferdekräften bei 1355 Umdrehungen in der Minute erzeugte dieselbe 14,1 Ampère und 265 Volt Klemmspannung. Wie gross war die elektromotorische Kraft der Maschine? — Welche Energiemenge war im äusseren Stromkreis verfügbar? — Welche Energiemenge verbrauchten die Armatur und die Elektromagnetspulen? — Wie gross ist *a*) der elektrische Nutzeffekt, *b*) der gesammte mechanische Nutzeffekt, *c*) der nutzbare mechanische Nutzeffekt?

Antwort: $W_a = 3736,5$ Watt $= 5,08$ HP; — $W_1 = 361,8$ Watt; — $W_2 = 846,9$ Watt; — $\varrho_e = 75,5\,\%;$ — $\varrho_t = 77,3\,\%;$ — $\varrho_n = 58,4\,\%;$ — $E = 350,7$ Volt.

494) In einer der ersten Edison-Maschinen hatte die Armatur einen Widerstand von 0,045 Ohm und die Schenkelspulen 46,2 Ohm; dabei gab sie 92 Ampère bei einer Klemmspannung von 114 Volt. Welche nutzbare Energiemenge wurde dabei frei? — Wie viel Energie wurde im Anker und in den Schenkelspulen verloren? — Wie gross war der elektrische Nutzeffekt? — und wie gross der mechanische Nutzeffekt, wenn die Maschine mit 16,4 HP in Betrieb erhalten wurde?

Antwort: $W_a = 10500$ Watt $= 12,7$ HP; — $W_1 = 500$ Watt; — $W_2 = 300$ Watt; $\varrho_e = 93\,\%;$ $\varrho_m = 87\,\%.$

495) Der Armaturwiderstand einer Dynamo beträgt $R_1 =$ $= 0{,}24$ Ohm; derjenige der Elektromagnetspulen $R_2 = 0{,}66$ Ohm, und der äussere Widerstand $R_a = 12$ Ohm. Wie gross muss die elektromotorische Kraft sein, wenn die Stromstärke zu 15 Ampère gefunden wird?

Antwort: $E = 15\ (0{,}24 + 0{,}66 + 12) = 208{,}5$ Volt.

496) Mit einer gewissen verfügbaren Kraft und Maschine kann man nicht über 70 Volt Spannung gelangen, wenn zugleich der äussere Widerstand 160 Ohm und der Maschinenwiderstand 0,22 Ohm beträgt. Zu welcher maximalen Stromstärke kann man gelangen? Wie gross müsste die elektromotorische Kraft sein, um 1,25 Ampère Strom zu liefern?

Antwort: Nach dem Ohm'schen Gesetz ist $70 = x\ (160 + 0{,}22)$, und somit $x = 0{,}43$ Ampère. — Um 1,25 Ampère zu erhalten, müsste $E = 1{,}25\ (160{,}22) = 200{,}275$ Volt sein.

497) Die Armatur einer Dynamo hat 0,48 Ohm, die Elektromagnetspulen haben 18,5 Ohm, die Leitung hat 5,7 Ohm Widerstand. In die Leitung sind 30 Glühlampen von 160 Ohm parallel eingeschaltet. Wenn die Maschine 18 Ampère Strom giebt, wie viel elektrische Arbeit wird dann verausgabt?

Antwort: Der Gesammtwiderstand des Stromkreises beträgt

$$0{,}48 + 18{,}5 + 5{,}7 + \frac{160}{30} = 30 \text{ Ohm,}$$

so dass die ausgegebene Arbeit $\dfrac{18^2 \cdot 30}{746} = 13{,}03$ Pferdekräfte ausmacht.

498) Eine für 16 Lampen bestimmte Brush-Maschine wird mit 15,5 Pferdekräften angetrieben und erlangt 839 Volt bei 10 Ampère; der Armaturwiderstand beträgt 4,55 Ohm und die Schenkelspulen haben 6 Ohm Widerstand. Wie gross ist der äussere Widerstand? — Wie gross der elektrische Nutzeffekt? — und wie gross der mechanische Nutzeffekt?

Antwort: $R_a = 73{,}35$ Ohm; $\varrho_e = 69\ \%$; $\varrho_m = 64{,}4\ \%$.

XXVI. Shunt-Maschinen.

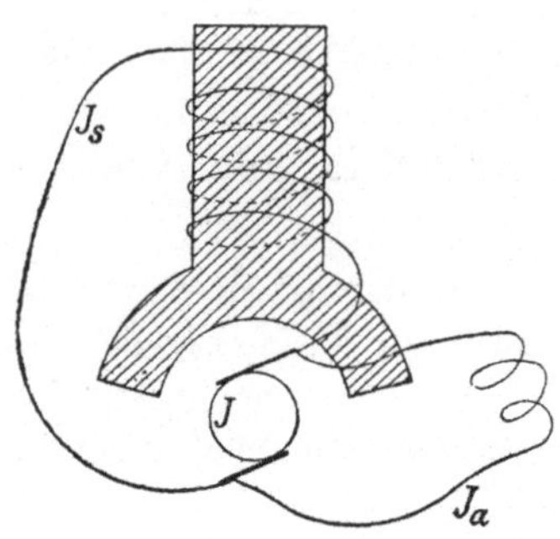

499) In einer Shunt-Maschine wurde der Armaturwiderstand $R =$ $= 0{,}25$ Ohm, sowie der Widerstand des Nebenschlusses (Elektromagnet-spulen) zu $R_s = 1{,}25$ Ohm bestimmt. Man misst nun die Stromstärke im äusseren Stromkreis $J_a = 3{,}6$ Ampère, sowie die Klemmspannung $e =$ $= 120$ Volt und soll daraus die elektromotorische Kraft der Maschine bestimmen.

Antwort: Der Armaturstrom hat die Stärke $J = J_s + J_a$; der Gesammtwiderstand ist

$$R' = R + \frac{R_s \cdot R_a}{R_s + R_a},$$

so dass die gesuchte elektromotorische Kraft den Werth hat

$$E = J R' = (J_s + J_a) \left\{ R + \frac{R_s R_a}{R_s + R_a} \right\}.$$

Wenn man jedoch beachtet, dass $J_a R_a = J_s R_s = e$ ist, so kann man J_s ersetzen, und dann wird

$$E = \left(\frac{e}{R_s} + R_a \right) \left\{ R + \frac{R_s \cdot R_a}{R_s + R_a} \right\} = e R \left\{ \frac{1}{R} + \frac{1}{R_s} + \frac{J_a}{e} \right\} =$$

$$= 120 \cdot 0{,}25 \left\{ \frac{1}{0{,}25} + \frac{1}{1{,}25} + \frac{3{,}6}{120} \right\} = 144{,}9 \text{ Volt.}$$

Die andere Beziehung $e = J_s R_s$ giebt $120 = J_s \cdot 1{,}25$, und somit $J_s = 96$ Ampère.

500) An einer Nebenschluss-Maschine C. E. L. Brown fand man als Armaturwiderstand $R = 0{,}008$ Ohm, und als Nebenschluss-widerstand $R_s = 25$ Ohm; die Stromstärke im nutzbaren Stromkreis betrug $J_a = 160$ Ampère und die Klemmspannung $e = 65$ Volt. Wie gross ist die elektromotorische Kraft dieser Maschine? — Welche Energiemenge W_a ist im äusseren Stromkreis verfügbar? — Welche Energiemenge geht in der Armatur und in den Schenkel-spulen verloren? — Wie gross ist 1) der elektrische, 2) der gesammte mechanische, 3) der nutzbare mechanische Nutzeffekt, wenn zum Antrieb 15,0 Pferdekräfte gebraucht werden?

Antwort: Die in voriger Aufgabe abgeleiteten Formeln ergeben:

$$E = 66{,}3 \text{ Volt}; \; — \; W_a = J_a{}^2 R_a = J_a e = 10\,400 \text{ Watt} = 14{,}15 \text{ HP}; \; —$$

$$W = R J^2 = R \left(\frac{E}{R'}\right)^2 = R \left\{ \frac{E}{R + \dfrac{R_s R_a}{R_s + R_a}} \right\}^2 =$$

$$= R \left\{ \frac{E (R_s J_a + e)}{R (R_s J_a + e) + R_s e} \right\}^2 = 211{,}25 \text{ Watt} = 0{,}27 \text{ HP};$$

$$W_s = \frac{e^2}{R_s} = 169 \text{ Watt} = 0{,}23 \text{ HP};$$

$$\varrho_1 = \frac{10\,400}{10\,400 + 211{,}25 + 169} = 96{,}5\,\%;$$

$$\varrho_2 = \frac{10\,400 + 211{,}25 + 169}{735} \cdot \frac{1}{15} = 97{,}7\,\%;$$

$$\varrho_3 = \frac{10\,400}{735} \cdot \frac{1}{15} = 94{,}3\,\%.$$

501) Eine Edison-Maschine giebt mit 36,20 Pferdekräften einen Strom von 196,5 Ampère im äusseren Stromkreis, und von 3,93 Ampère in den Schenkelspulen bei 122,9 Volt Klemmspannung. Der Armaturwiderstand beträgt 0,0231 Ohm. Wie gross ist der Strom in der Armatur? — Wie gross der Widerstand in den Schenkelspulen und dem äusseren Stromkreis? — Wie gross die elektromotorische Kraft, die nutzbare elektrische Energie, der Verlust in der Armatur und den Schenkeln, der elektrische und der mechanische Nutzeffekt?

Antwort: $J = 200{,}43$ Ampère; $R_s = 31{,}27$ Ohm; $R_a = 0{,}625$ Ohm; $E = 127{,}3$ Volt; $W_a = 32{,}46$ HP; $W = 1{,}18$ HP; $W_s = 0{,}65$ HP; $\varrho_e = 94{,}7\,\%$; $\varrho_2 = 90\,\%$.

502) Eine Weston-Maschine giebt bei einem Verbrauch von 13,2 Pferdekräften 71,6 Ampère Strom im äusseren Stromkreis, 1,29 Ampère in den Schenkelspulen bei 119,9 Volt Klemmspannung und 0,100 Ohm Armaturwiderstand. Welches sind die entsprechenden Werthe für die elektromotorische Kraft, die elektrische Energie im äusseren Stromkreis, die gesammte elektrische Energie, der

Energieverlust in der Armatur und in den Schenkeln, der elektrische Nutzeffekt und der mechanische Nutzeffekt?

Antwort: $E = 127{,}2$ Volt; — $W_a = 11{,}51$ HP; — $W_g = 12{,}43$ HP; — $W = 0{,}714$ HP; — $W_s = 0{,}207$ HP; — $\varrho_1 = 92{,}6\,\%$; — $\varrho_2 = 87{,}4\,\%$.

503) Eine Brush-Maschine hat einen Armaturwiderstand von 4,55 Ohm, einen Schenkelwiderstand von 6 Ohm und giebt mit einem Aufwand von 15,5 HP einen nutzbaren Strom von 10 Ampère und 839 Volt. Wie gross ist die Stromstärke in der Armatur und in den Schenkeln, die Klemmspannung, der äussere Widerstand und der mechanische Nutzeffekt?

Antwort: Man kann folgende drei Gleichungen aufstellen:

$$J = J_s + 10; \qquad 10\,R_a = 6\,J_s;$$

$$839 = J \left\{ 4{,}55 + \frac{6\,R_a}{6 + R_a} \right\}.$$

Dieselben ergeben durch Auflösung

$$R_a = 46{,}1 \text{ Ohm}; \quad — \quad J_s = 77 \text{ Ampère}; \quad — \quad J = 87 \text{ Ampère}; —$$

$$e = 461 \text{ Volt}; \quad — \quad \varrho = 40\,\%.$$

XXVII. Compound-Maschinen.

(Maschinen mit gemischter Bewickelung der Feldmagnete.)

504) Der aus der Armatur einer Dynamo-Maschine kommende Strom theilt sich an den Bürsten in zwei Zweige, von denen der eine mit dem Widerstand R_2 nur zur Erregung der Feldmagnete dient, während der andere mit dem Widerstand R_2' nochmals über die Feldmagnete zunächst nach den Klemmen und dann in den nutzbaren (äusseren) Stromkreis geht. Der Armaturwiderstand beträgt R, die Stromstärke im äusseren Stromkreis J_3, die Klemmspannung E'. Wie findet man den äusseren Widerstand R_3, die Stromstärke in der Armatur J und im erregenden Zweig J_2, sowie die elektromotorische Kraft der Maschine E?

Antwort: Man erhält zunächst sofort

$$R_3 = \frac{E'}{J_3}.$$

Die Stromstärken J_2 und J_3 verhalten sich umgekehrt wie die Widerstände in ihren Zweigen, also

$$J_2 : J_3 = (R_2' + R_3') : R_2 = R_3 : R_2,$$

woraus

$$J_2 = \frac{J_3 R_3}{R_2}.$$

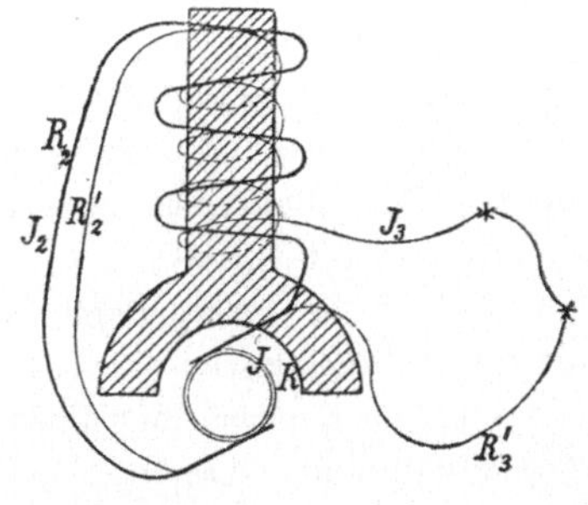

Der Armaturstrom ist gleich der Summe der beiden Zweigströme, somit

$$J = J_2 + J_3 = J_3 \cdot \frac{R_2 + R_3}{R_2}.$$

Die elektromotorische Kraft der Maschine ist die Summe der elektromotorischen Kräfte der einzelnen Theile, somit

$$E = J R + J \frac{R_2 R_3}{R_2 + R_3},$$

weil $\dfrac{R_2 R_3}{R_2 + R_3}$ nichts anderes als der aus den beiden Zweigen resultirende Widerstand ist. Wenn man den für J gefundenen Werth noch einsetzt und umrechnet, so wird

$$E = J_3 \cdot \frac{R_2 + R_3}{R_2} \left\{ R_1 + \frac{R_2 R_3}{R_2 + R_3} \right\} = J_3 R_3 \left\{ 1 + \frac{R}{R_3} + \frac{R}{R_2} \right\} =$$

$$= E' \cdot \left\{ 1 + \frac{R}{R_3} + \frac{R}{R_2} \right\}.$$

505) Durch direkte Messung bestimmte man für eine Maschine, dass $R = 0{,}66$ Ohm; $R_2 = 0{,}68$ Ohm; $R_2' = 3{,}85$ Ohm; $J_3 = 24$ Ampère; $E' = 102$ Volt. Welches sind die entsprechenden Werthe für R_3, J, J_2 und E?

Antwort: Unter Anwendung der Formeln der vorigen Aufgabe wird: $R_3 = 4{,}25$ Ohm; $J_2 = 150$ Ampère; $J = 174$ Ampère; $E = 216{,}78$ Volt.

506) Welche elektrische Arbeit wird im Falle der Maschine in voriger Aufgabe verbraucht 1) im äusseren Stromkreis, 2) in allen Stromkreisen?

Antwort: $W_1 = \dfrac{J_3 E'}{746} = 3{,}28$ HP und $W_2 = \dfrac{J_1 E}{746} = 50{,}6$ HP.

507) In einer Maschine sei der Strom aus der Armatur durch die Schenkelspulen nach den Klemmen geführt und hier verzweige sich derselbe in zwei Zweige mit den Widerständen R_2 und R_3. Der erstere dieser Zweige gehe nur über die Feldmagnete hin; der zweite bilde allein den äusseren Stromkreis. Sei R der Armaturwiderstand und R_2' der Widerstand der Leitung, welche den ganzen Strom über die Feldmagnete hinleitet. Wenn man nun R, R_2, R_2', die Stromstärke im äusseren Zweig J_3, die Klemmspannung E' kennt, wie kann man daraus den äusseren Widerstand R_3, die Stromstärken J und J_2 in der Armatur und im ersten Zweig, sowie die elektromotorische Kraft der Maschine E berechnen?

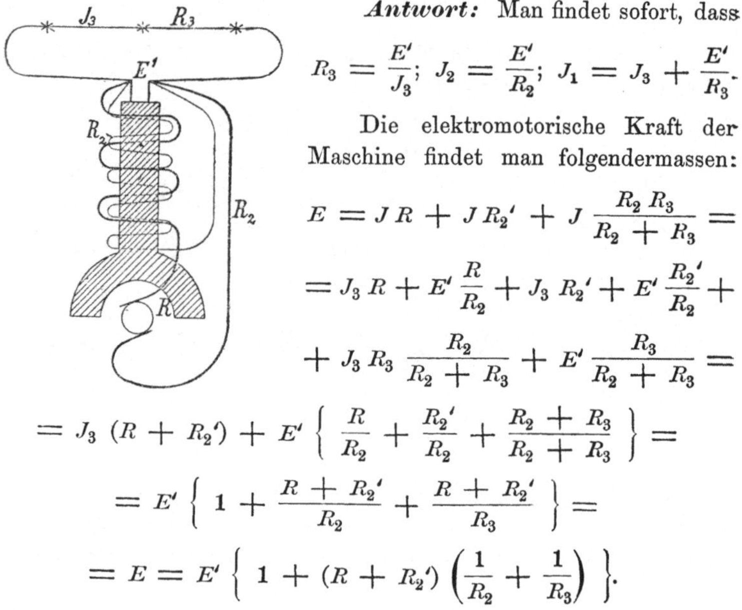

Antwort: Man findet sofort, dass

$$R_3 = \frac{E'}{J_3}; \quad J_2 = \frac{E'}{R_2}; \quad J_1 = J_3 + \frac{E'}{R_3}.$$

Die elektromotorische Kraft der Maschine findet man folgendermassen:

$$E = J R + J R_2' + J \frac{R_2 R_3}{R_2 + R_3} =$$

$$= J_3 R + E' \frac{R}{R_2} + J_3 R_2' + E' \frac{R_2'}{R_2} +$$

$$+ J_3 R_3 \frac{R_2}{R_2 + R_3} + E' \frac{R_3}{R_2 + R_3} =$$

$$= J_3 (R + R_2') + E' \left\{ \frac{R}{R_2} + \frac{R_2'}{R_2} + \frac{R_2 + R_3}{R_2 + R_3} \right\} =$$

$$= E' \left\{ 1 + \frac{R + R_2'}{R_2} + \frac{R + R_2'}{R_3} \right\} =$$

$$= E = E' \left\{ 1 + (R + R_2') \left(\frac{1}{R_2} + \frac{1}{R_3} \right) \right\}.$$

508) Eine Maschine speist 30 Glühlampen, jede mit 0,6 Ampère; man bestimmte ausserdem $R = 0,48$ Ohm; $R_2 = 18,5$ Ohm; $R_2' = 24$ Ohm und $E' = 108$ Volt. Welche Werthe erhält man demnach für R_3, J, J_2 und E?

Antwort: Da die Stromstärke im äusseren Stromkreis $J_3 = 30 \cdot 0{,}6 = 18$ Ampère betragen muss, so ist nach obigen Formeln $R_3 = 6$ Ohm; $J = 23{,}84$ Ampère; $J_2 = 5{,}84$ Ampère und $E = 687{,}5$ Volt.

509) Welche elektrische Energiemenge hat die Maschine voriger Aufgabe 1) im äusseren Stromkreis, 2) im ganzen verausgabt?

Antwort: $W_1 = \dfrac{J_3 E'}{746} = 2{,}6$ HP; und $W_2 = \dfrac{J_1 E}{746} = 16{,}3$ HP.

510) Für eine gewisse Maschine hat man die Grössen $R = 2{,}2$ Ohm, $R_2 = 18{,}5$ Ohm, $E' = 133{,}2$ Volt, $J = 17{,}2$ Ampère und $R_2' = 7{,}2$ Ohm bestimmt. Wie gross sind dann R_3, J_3 und E?

Antwort: Aus der Beziehung $J = J_3 + \dfrac{E'}{R_2}$ findet man $J_3 = 10{,}0$ Ampère; sodann giebt $R_3 J_3 = E'$ für R_3 den Werth 13,32 Ohm, und endlich $E = 294{,}7$ Volt.

511) Wie verhält sich die im äusseren Stromkreis verfügbare Energiemenge zur gesammten erzeugten elektrischen Energiemenge bei der in voriger Aufgabe genannten Maschine?

Antwort: Es sind $W_1 = 1{,}8$ HP und $W_2 = 6{,}9$ HP, somit

$$\frac{W_1}{W_2} = \frac{1{,}8}{6{,}9} = 26\,\%.$$

512) Die nämliche Maschine giebt $J = 21{,}4$ Ampère und $E' = 90$ Volt bei $R = 2{,}2$ Ohm, $R_2 = 18{,}5$ Ohm, $R_2' = 7{,}2$ Ohm. Wie gross sind die entsprechenden Werthe von R_3, J_3 und E? — und wie gross ist der elektrische Nutzeffekt?

Antwort: $J_3 = 16{,}53$ Ampère; $R_3 = 5{,}44$ Ohm; $E = 290{,}86$ Volt; $\dfrac{W_1}{W_2} = \varrho = 8\,\%$.

XXVIII. Elektrische Motoren.

513) Eine effektive Kraft von 40 Pferdekräften treibt eine Dynamomaschine an, welche 92 % Nutzeffekt hat. Der mit 260 Volt erzeugte Strom wird auf eine zweite Maschine übertragen und hat die bezügliche Leitung 10 Ohm Widerstand. Die sekundäre Maschine hat 20 Ohm Widerstand und 35 % Nutzeffekt. Welche Arbeitsmenge ist an dieser Maschine zur Verfügung?

Antwort: Die Triebkraft von 40 Pferden liefert an den Klemmen der ersten Maschine eine elektrische Energiemenge von 40 . 735 . 0,92

Watt $= 27048$ Volt-Ampère   Da nach der Aufgabe die Klemmspannung 260 Volt beträgt, so muss sich die angegebene Energiemenge zerlegen in das Produkt

$$260 \times \frac{27048}{260} = 260 \times 104{,}03 \text{ Volt-Ampère.}$$

In Folge des Leitungswiderstandes von 10 Ohm und des Widerstandes der sekundären Maschine von 20 Ohm wird auf der Linie
und der Maschine nur ein Strom von

$$J = \frac{260}{10 + 20} = 8{,}66 \text{ Ampère}$$

sich finden.   Die elektromotorische Kraft lässt sich aus denselben
Widerständen nach der Proportion

$$(10 + 20) : 20 = 260 : x$$

zu $x = 173^{1}/_{3}$ Volt ableiten.   An den Klemmen der sekundären
Maschine findet sich sonach die Energiemenge von $8{,}66 \cdot 173{,}33$ Watt
vor, von denen aber nur 65 % in mechanische Energie umgesetzt
werden, d. i. in $525{,}7 \cdot 10^{7}$ Erg oder 0,71 Pferdekräfte.

514) Eine primäre Maschine hat 300 Volt elektromotorischer
Kraft und die sekundäre Maschine hat 200 Volt.   Beide Maschinen
sind gleich, jede hat 10 Ohm Widerstand.   Die zwischenliegende
Leitung hat 5 Ohm Widerstand.   Welche elektrischen Energiemengen
liegen an jeder der beiden Maschinen? und wie gross ist der elektrische Nutzeffekt? (Schöntjes).

Antwort: Die Stromstärke des ganzen Kreises wird

$$J = \frac{300 - 200}{25} = 4 \text{ Ampère;}$$

so dass die elektrischen Energien bezüglich die Werthe $W_1 = 1{,}36$ HP
und $W_2 = 1{,}09$ HP haben. — Der Nutzeffekt beträgt $\varrho = 66$ %.

515) Ein elektrischer Motor von Reckenzaun macht 1300 Umdrehungen in der Minute, wenn ihm 11 Ampère mit 30 Volt Spannung zugeführt werden.   Welche elektrische Energiemenge verbraucht er?

Antwort: $W = 11 \cdot 30 = 330$ Watt.

XXIX. Glühlampen.

516) Man hat 25 gleiche Elemente, von denen jedes 15 Ohm inneren Widerstand hatte, hinter einander geschaltet, um eine Glühlampe von 70 Ohm Widerstand zu speisen; der erzielte Strom betrug 0,112 Ampère. Welchen Strom würde man erzielen unter Anwendung von 30 solcher Elemente, welche mit 2 Lampen von 30 Ohm Widerstand in eine Reihe gestellt würden?

Antwort: (Day). Aus dem ersten Theil der Aufgabe ergiebt sich die elektromotorische Kraft eines Elementes, indem $25\,E = J\,.\,R = 0{,}112\,(25\,.\,15 + 70)$, also $E = 2$ Volt sein muss. Nach der zweiten Anordnung ergäbe sich dann eine Stromstärke von

$$J = \frac{30\,.\,2}{30\,.\,15 + 2\,.\,30} = 0{,}118 \text{ Ampère.}$$

517) Es liegen mehrere parallel geschaltete Glühlampen vor und jede verlangt J_2 Ampère Strom. Wie vieler Elemente von E_1 Volt elektromotorischer Kraft bedarf es, um eine dieser Lampen zu speisen?

Antwort: (Baur). Nimmt man an, es bedürfe n_1 Elemente von E_1 Volt elektromotorischer Kraft und R_1 Ohm innerem Widerstand, und seien n_2 Lampen mit je R_2 Ohm Widerstand parallel geschaltet, so erhält man eine Stromstärke von

$$J = \frac{n_1\,E_1}{n_1\,R_1 + \dfrac{R_2}{n_2}} \text{ Ampère.}$$

Jede der Lampen erhält demnach

$$J_2 = \frac{J}{n_2} = \frac{n_1\,E_1}{n_1\,n_2\,R_1 + R_2} \text{ Ampère.}$$

Es ist ausserdem die nöthige Anzahl genannter Elemente

$$n_1 = \frac{R_2}{\dfrac{E_1}{J_2} - n_2\,R_1}.$$

518) Wie viele Chromsäure-Elemente ($R_i = 0{,}4$ Ohm, $E = 1{,}6$ Volt) und wie viele Daniell-Elemente ($R_i = 0{,}8$ Ohm, $E = 1{,}0$ Volt) sind nöthig, um eine Swanlampe ($R_2 = 32$ Ohm, $J_2 = 1{,}25$ Ampère) zum Glühen zu bringen?

Antwort: Nach den Formeln der vorigen Aufgabe müssen es $n_1 = 37$ Bichromate-Elemente oder $n_1 = \infty$ Daniell-Elemente sein.

519) Welcher Bedingung müssen die Constanten eines Elementes genügen, damit wenigstens eine Lampe zum Glühen kommt?

Antwort: Die Beantwortung dieser Frage ergiebt sich aus der in vorletzter Aufgabe entwickelten Formel, wenn man $n_2 = 1$ setzt. Dieselbe wird zu

$$n_1 = \frac{R_2 J_2}{E_1 - R_1 J_2},$$

und sagt, dass eine reelle Lösung nur möglich ist, wenn $E_1 - R_1 J_2 > 0$, oder

$$\frac{E_1}{R_1} > J_2$$

ist. Der Strom, welchen ein Element abzugeben im Stande ist, muss also grösser sein als der Strom, welchen eine Lampe verlangt.

Wenn $\dfrac{E_1}{R_1} = J_2$ ist, so sind $n_1 = \infty$ viele Elemente nöthig.

520) Wie gross ist die kleinste Anzahl von Elementen, welche noch genügt, um eine gewisse Glühlampe zu speisen?

Antwort: Diejenige Anzahl von Elementen n_1, welche nöthig ist zur Speisung einer Lampe, wurde oben gefunden zu

$$n_1 = \frac{R_2 J_2}{E_1 - R_1 J_2}.$$

Wenn nun J_2 und R_2 gegeben sind, so wird n_1 ein Minimum für $\dfrac{E_1}{R_1}$ als Maximum; d. h. die elektromotorische Kraft der Elemente muss möglichst gross und ihr innerer Widerstand möglichst klein sein. Zur Speisung von Glühlampen eignen sich also grossflächige Grove'sche Zellen oder Accumulatoren am besten.

521) Wie vieler Grove'scher Elemente bedarf es, um eine Edison-Lampe B von 8 Kerzen Lichtstärke, 58 Ohm Widerstand (heiss) und 0,882 Ampère Strombedarf zum Glühen zu bringen?

Antwort: $n_1 = 27{,}3$ Elemente.

522) Welche Anzahl von Lampen lässt sich mit einer gegebenen Zahl von Elementen speisen?

Antwort: In der eben genannten Formel wird n_1 als bekannt angesehen, aber n_2 gesucht. Durch Auflösung nach n_2 findet man

$$n_2 = \frac{n_1 E_1 - J_2 R_2}{n_1 R_1 J_2}.$$

523) Man bestimme, welche Anzahl von Edison-Lampen B man mit 48 Grove'schen Elementen speisen kann.

Antwort: $n_2 = 10$ Lampen.

524) Der innere Widerstand einer Dynamomaschine beträgt 0,008 Ohm; sie soll 0,8 Ampère für jede der 900 parallel geschalteten Glühlampen liefern. Wie gross muss ihre elektromotorische Kraft sein, wenn jede Lampe im glühenden Zustand 130 Ohm Widerstand hat? (Day.)

Antwort: Der Widerstand des äusseren Stromkreises beträgt 130 : 900 = 0,144 Ohm, während der innere Widerstand 0,008 Ohm beträgt. Der Gesammtwiderstand ist sonach 0,152 Ohm. Die gesammte nöthige Stromstärke beträgt 0,8 . 900 = 720 Ampère; die elektromotorische Kraft muss also 720 . 0,152 = 109,44 Volt betragen.

525) Die elektromotorische Kraft einer Dynamomaschine beträgt 45 Volt; ihr Widerstand 0,01 Ohm; derjenige der Lampen ist 35 Ohm. Wie viele Lampen müssen parallel eingeschaltet werden, damit jede 1,2 Ampère Strom bekommt?

Antwort: Wenn x die gesuchte Lampenzahl bezeichnet, so ist 35 : x der innere und (35 : x) $+$ 0,01 der gesammte Widerstand. Die gesammte Stromstärke ist 1,2 x Ampère. Zwischen diesen Grössen giebt das Ohm'sche Gesetz die Beziehung

$$1,2\, x = \frac{45}{\dfrac{35}{x} + 0,01},$$

woráus $x = 250$ Lampen.

526) Der innere Widerstand einer Dynamomaschine beträgt 1 Ohm; ihre elektromotorische Kraft 484 Volt. Der äussere Stromkreis ist aus 200 Glühlampen gebildet, welche in 20 Reihen zu 10 Lampen angeordnet sind. Jede Lampe hat 30 Ohm Widerstand. Welche Strommenge erhält jede Lampe? (Day.)

Antwort: Der Widerstand jeder Lampenreihe beträgt 30 . 10 =
= 300 Ohm; die 20 Reihen ergeben demnach 300 : 20 = 15 Ohm,
und für den ganzen Stromkreis 15 + 1 = 16 Ohm. Als Stromstärke erhält man nun nach dem Ohm'schen Gesetz $J = 484 : 16 =$
= 30,25 Ampère, so dass in jeder Reihe, oder in jeder Lampe
30,25 : 20 = 1,51 Ampère fliesst.

527) Es sind 1320 Edison-Lampen von 140,5 Ohm Widerstand
parallel eingeschaltet. Der Armaturwiderstand der Maschine beträgt
0,0042 Ohm; der Schenkelwiderstand, welcher zum äusseren Widerstand parallel geschaltet ist, beträgt 7,067 Ohm, und der Widerstand
der Zuleitungsdrähte beträgt 0,01 Ohm. Der vorhandene Motor erzeugt in der Dynamomaschine 142 elektrische Pferdekräfte. Welche
Wärmemenge wird in den Schenkelspulen, in den Lampen und in
der Armatur erzeugt? (Schöntjes.)

Antwort: Der äussere Stromkreis hat den Widerstand 0,01 +
+ (140,5 : 1320) = 0,1164 Ohm. Der von der Armatur, von den
Besen, weg gerechnete Widerstand hat also in Folge der Verzweigung den Werth

$$\frac{7,067 \cdot 0,1164}{7,067 + 0,1164} = 0,1145 \text{ Ohm.}$$

Da die Armatur 0,0042 Ohm Widerstand hat, so hat der ein-
fach gedachte Stromkreis der Maschine einen Gesammtwiderstand
von 0,0042 + 0,1145 = 0,1187 Ohm.

Im äusseren Stromkreis wird eine Energiemenge von

$$\frac{142 \cdot 0,1145}{0,1187} = 136,98 \text{ HP}$$

verbraucht. Die in den beiden Zweigen, Schenkelzweig und Lampenzweig, verbrauchten Energiemengen sind den Produkten aus bezüg-
licher Stromstärke und Klemmspannung proportional. Da aber die
Stromstärken in den Zweigen sich umgekehrt wie die Widerstände
verhalten, so findet das nämliche für die Energien statt und verhält
sich die in den Schenkeln verbrauchte Energiemenge zu 136,98
wie 0,1145 : 7,067; hieraus ergiebt sich für die Schenkelenergie
2,219 HP.

Im Lampenzweig werden dann 136,98 − 2,219 = 134,761 HP
verbraucht.

Die Armatur nimmt 142 − 136,98 = 5,02 HP weg.

Eine Pferdekraft entspricht 0,17689 Cal. *kg*, so dass die in jeder Sekunde in den Schenkeln, in den Lampen und in der Armatur erzeugten Wärmemengen bezüglich 12,53 und 761,36 und 28,42 Cal. *kg* Grad betragen.

528) Eine gewisse Accumulatorenbatterie liefert den Strom für eine Reihe von Glühlampen. Während des ersten Theiles der Entladung hatte der Strom eine Stärke von 13,8 Ampère; später fiel die Stromstärke auf 12 Ampère. Wenn die anfängliche Lichtstärke einer Lampe 16 Kerzen betrug, welche Lichtstärke hatte sie dann später, wenn man die Voit'sche Formel zu Grunde legt $P = aW^3$?

Antwort: Die Voit'sche Formel kann leicht wie folgt umgeformt werden

$$P = aW^3 = a\,(EJ)^3 = a\,(J^2 R)^3 = b\,J^6.$$

Aus diesem geht hervor, dass die Lichtstärke P der sechsten Potenz der Stromstärke proportional ist, und dass demnach

$$13,8^6 : 12^6 = 16 : P$$

sein muss, oder $P = 6,92$ Kerzen.

529) Für eine Bernsteinlampe No. 1 haben die Constanten der H. F. Weber'schen Formel $P = \alpha W^3 + \beta W$ die Werthe $\alpha = {} = 0,0000100$ und $\beta = {}- 0,0100$. Man hat nun beobachtet, dass für die Potentialdifferenz von $E = 30,4$ Volt die Stromstärke $J = {} = 4$ Ampère betrug, und dass ein anderes Mal $E = 39,44$ Volt und $J = 5,66$ Ampère war. Welches waren in beiden Fällen die bezüglichen Lichtstärken?

Antwort: $P_1 = 17,1$ Kerzen; $P_2 = 112,5$ Kerzen.

530) Nach den von C. Hess an einer 8-kerzigen Swanlampe gemachten Messungen sind die Constanten der H. F. Weber'schen Formel $\alpha = 0,0001164$ und $\beta = {}- 0,02778$. Welche Lichtstärken entsprechen demnach den Werthen $J_1 = 0,91$ Ampère, $E_1 = 24,00$ Volt und $J_2 = 1,32$ Ampère, $E_2 = 33,00$ Volt?

Antwort: $P_1 = 0,65$ Kerzen, und $P_2 = 8,43$ Kerzen.

531) Für eine 16-kerzige Swanlampe haben die Constanten der H. F. Weber'schen Formel die Werthe $\alpha = 0,0000632$ und $\beta = {}$

$= -\, 0{,}0280$. Welche Lichtstärken entsprechen den $J_1 = 0{,}90$ Ampère, $E_1 = 33{,}90$ Volt und $J_2 = 1{,}32$ Ampère, $E_2 = 49{,}25$ Volt?

Antwort: $P_1 = 1{,}27$ Kerzen, und $P_2 = 15{,}56$ Kerzen.

XXX. Bogenlampen.

532) Man setzt voraus, der Lichtbogen verlange eine elektromotorische Kraft von mindestens 50 Volt, eine Stromstärke von 5 Ampère, und habe 8 Ohm Widerstand. Wie viele Bunsen-Elemente und wie viele Daniell'sche Elemente sind dann zur Bildung eines Bogenlichtes nothwendig?

Antwort: Der innere Widerstand der Batterie R_i muss wie folgt in das Ohm'sche Gesetz eingehen

$$5 = \frac{50}{R_i + 8};$$

also $R_i = 2$ Ohm sein. Hieraus folgt zunächst, dass die anzuwendende Batterie nicht mehr als 2 Ohm Widerstand haben darf und 5 Ampère Strom geben muss. Da ein Bunsen-Element etwa $\frac{1}{18}$ Ohm Widerstand hat, so ist es möglich, bis auf 36 solcher Elemente in eine Reihe zu schalten. Dieselben würden eine elektromotorische Kraft von $36 \cdot 1{,}734 = 62{,}4$ Volt liefern. Es genügen schon $50 : 1{,}734 = 29$ Elemente.

Ein Daniell'sches Element hat einen inneren Widerstand von 0,6 Ohm ungefähr, so dass schon 4 Elemente den erlaubten Widerstand überschreiten. Man schalte daher die n Elemente in y Reihen von x Elementen und wähle x so gross, dass die elektromotorische Kraft von 50 Volt herauskommt, also $x = 50$. Die $x \cdot y = n$ Elemente dürfen ausserdem nur 2 Ohm Widerstand haben, und muss daher $2 = 0{,}6\,\dfrac{x}{y}$, oder $y = 15$ genommen werden. Damit aber wird $n = x \cdot y = 50 \cdot 15 = 750$ Daniell'sche Elemente.

533) Eine Dynamomaschine von 850 Volt elektromotorischer Kraft speist 16 Bogenlampen, von denen jede 4,5 Ohm Widerstand hat, mit 10,04 Ampère. Die Zuleitungsdrähte zu den hinter einander geschalteten Lampen haben noch 0,8 Ohm Widerstand. Welchen Widerstand hat die Maschine? (Schöntjes.)

Antwort: Nach dem Ohm'schen Gesetz muss $10{,}04\,(R_a + R_i) =$
$= 850$ sein, also $R_a + R_i = 84{,}66$ Ohm. Der Lampenwiderstand
ist $16 \cdot 4{,}5 = 72$ Ohm, der Leitungswiderstand $0{,}8$ Ohm, so dass für
die Maschine $84{,}66 - 72 - 0{,}8 = 11{,}86$ Ohm bleibt.

534) Eine Bogenlampe erhält $9{,}2$ Ampère Strom und hat zwi-
schen den Kohlen eine Potentialdifferenz von $46{,}6$ Volt. Welche
Energiemenge verbraucht die Lampe in Watt und in Pferdekräften?
(Schöntjes.)

$$\textit{Antwort: } W = 9{,}2 \cdot 46{,}6 = 428{,}7 \text{ Watt} = \frac{428{,}7}{736} = 0{,}58 \text{ HP.}$$

535) Eine Maschine hat $2{,}5$ Ohm inneren Widerstand; Lampen
und Leitung haben 11 Ohm. Welche Arbeit wird verausgabt, wenn
16 Ampère durchfliessen?

$$\textit{Antwort: } W = \frac{J^2\,R}{736} = \frac{16^2\,(11 + 2{,}5)}{736} = 4{,}7 \text{ HP.}$$

536) Die Leitungsdrähte bei einer Bogenlichtanlage haben
$0{,}214$ Ohm und die Maschine $0{,}173$ Ohm Widerstand; bei $90{,}0$ Volt
elektromotorischer Kraft werden $8{,}3$ Ampère erzeugt. Wie gross
ist der scheinbare Widerstand der Lampe, und welche Arbeitsmenge
verbraucht die Lampe?

Antwort: Nach dem Ohm'schen Gesetz soll $8{,}3\,(0{,}214 +$
$+ 0{,}173 + x) = 90{,}0$ sein; und also die Lampe $10{,}46$ Ohm
scheinbaren Widerstand haben. — Die verbrauchte Arbeit beträgt
$W = 8{,}3^2 \cdot 10{,}46 = 720{,}6$ Watt $= 0{,}98$ HP.

537) Eine Thomson-Houston-Maschine liefert an 45 hinter
einander geschaltete Lampen mit je 38 Volt gegen elektromotorischer
Kraft einen Strom von 10 Ampère. Die Maschine hat 30 Ohm
inneren Widerstand, die Leitung hat 12 Ohm. Wie gross ist die
elektromotorische Kraft der Maschine und welche Arbeit leistet sie?

Antwort: Da $J \cdot \Sigma\,(R) = \Sigma\,(E)$ sein muss, so kann man
$10\,(12 + 30) = E - 45 \cdot 38$ setzen. Hieraus folgt $E =$
$= 2030$ Volt.

Die geleistete Arbeit beträgt

$$W = \frac{J^2 \cdot R}{735} = \frac{E \cdot J}{735} = \frac{2030 \cdot 10}{735} = 27{,}6 \text{ HP.}$$

538) Die 38 Brusch-Lampen einer 6 *km* langen Lichtanlage sind hinter einander geschaltet. Jede Lampe hat 6 Ohm Widerstand. Der specifische Widerstand des Leitungskabels ist 0,13, und man will, dass dieses nur 0,1 der verfügbaren Energie absorbire. Wie dick muss die Kabelseele sein? (Schöntjes.)

Antwort: Damit die im Kabel verausgabte Energie nur 0,1 der Gesammtenergie sei, und weil die Stromstärke überall dieselbe ist, so darf der Widerstand des Kabels nur 0,1 des Gesammtwiderstandes betragen. Diese Bedingung ist gleichbedeutend mit der anderen, dass der Kabelwiderstand $\frac{1}{9}$ des Lampenwiderstandes, also

$$\frac{1}{9} \, (6 \cdot 38) = 25{,}33 \text{ Ohm sei.}$$

Den nämlichen Widerstand kann man in Funktion der Kabellänge und des specifischen Widerstandes ausdrücken, und ihm gleichsetzen; dann erhält man die Gleichung

$$25{,}33 = \frac{0{,}13 \cdot 6000}{d^2}.$$

Hieraus folgt, dass $d = 5{,}5$ *mm* sein muss.

539) Drei Bogenlampen von je 1,7 Ohm Widerstand sind hinter einander in den Stromkreis einer Dynamomaschine eingeschaltet. Der Maschinenwiderstand beträgt 6 Ohm, der Leitungswiderstand 0,22 Ohm; der mechanische Nutzeffekt beträgt 0,90, und der antreibende Motor liefert 6 Pferdekräfte. Welche Energiemenge wird in jeder Lampe verausgabt? — Wie gross ist die Stromstärke? (Schöntjes.)

Antwort: Die gesammte erzeugte elektrische Energie beträgt $0{,}90 \cdot 6 = 5{,}4$ Pferdekräfte und der Gesammtwiderstand ist $0{,}22 + 6 + 1{,}7 \cdot 3 = 11{,}32$ Ohm. Da die verbrauchten Energiemengen den Widerständen proportional sind, so erhält man die Proportion, dass die in den Lampen verbrauchte Energie sich zu 5,4 Pferdekräften verhält, wie 3,17 Ohm zu 11,32 Ohm. Hiernach verbrauchen die drei Lampen 2,41 Pferdekräfte, oder 0,81 ℙ jede Lampe.

Die Stromstärke ergiebt sich aus

$$5{,}4 = \frac{J^2 \cdot 11{,}32}{736}$$

zu $J = 18{,}7$ Ampère.

540) Zur Speisung von 40 Bogenlampen brauchte man an der elektrischen Ausstellung in Paris (1881) eine Kraft von 29,96 Pferden. Der Widerstand der Armatur betrug $R = 22,38$ Ohm, derjenige der Leitung $R_a = 2,60$ Ohm; die Stromstärke betrug $J = 9,5$ Ampère und jede Lampe hatte eine gegenelektromotorische Kraft von $e = 44,3$ Volt. Welche Energie erheischt jede Lampe? — Welche Energie blieb in den Leitungsdrähten? — Wie gross war die elektromotorische Kraft E der Maschine? — Wie gross ist ihr mechanischer Nutzeffekt?

Antwort: Es is $W_1 = e \cdot J = 44,3 \cdot 9,5 = 420,85$ Watt $= 0,57$ HP; $W_2 = J^2 (R + R_a) = 9,5^2 (22,38 + 2,60) = 2254,44$ Watt $= 3,07$ HP.

Die gesammte erzeugte Energiemenge war somit

$$40 \, W_1 + W_2 = 40 \cdot 0,57 + 3,07 = 25,87 \text{ HP};$$

$$E = J (R + R_a) + 40 \, e = 9,5 (22,38 + 2,60) + 40 \cdot 44,3 =$$
$$= 2009,3 \text{ Volt};$$

$$\varrho = \frac{40 \, W_1 + W_2}{W} = \frac{25,87}{29,96} = 86 \, \%.$$

XXXI. Beleuchtungsanlagen.

541) Man will bei einer Anlage zur Uebertragung elektrischer Energie so ökonomisch als möglich verfahren, und den Querschnitt des Leitungsdrahtes also so klein wie möglich wählen. Wie gross muss sein Querschnitt q gewählt werden, wenn eine Pferdekraft-Sekunde p Geldeinheiten und ein cm^3 des Leiters p' Geldeinheiten kostet, wenn ferner ϱ sein specifischer Widerstand und J die zu übertragende Stromstärke ist?

Antwort: (Thomson, Ferrini.) Der Strom von J Ampère leistet in jeder Sekunde in jedem cm des Leiters eine Arbeitsmenge von

$$\frac{J^2 \, \varrho}{q} \text{ Watt} = \frac{J^2 \, \varrho}{735 \, q} \text{ HP.}$$

Diese Arbeit wird in Wärme umgesetzt und ist daher mechanisch verloren. Bezeichnet daher p den Preis einer Pferdekraft-Sekunde, so wird in jeder Sekunde ein Betrag von

$$\frac{J^2 \varrho\, p}{735\; q} \quad \text{Geldeinheiten}$$

verloren durch nutzlose Wärmeerzeugung. Wenn während T Sekunden des Jahres gearbeitet wird, so beträgt der jährliche Verlust per cm des Leiters

$$\frac{J^2 \varrho\, p\, T}{735\; q} \quad \text{Geldeinheiten.}$$

Andererseits kostet 1 cm der Leitung $p'\, q$ Geldeinheiten und bedingt von daher bei Annahme eines Zinsfusses von 5 $\%$ einen Verlust von 0,05 $p'\, q$ Geldeinheiten jährlich und für jeden cm der Leitung. Der Gesammtverlust beträgt also

$$\frac{J^2 \varrho\, p\, T}{735\; q} + 0{,}05\; p'\, q.$$

Es soll ein Minimum werden durch passende Wahl von q.

Nach dem gewöhnlichen Verfahren, oder nach einem Satz von Serpieri (Misure, p. 82) wird der angegebene Ausdruck ein Minimum für

$$q = J\sqrt{\frac{20\; \varrho\, p\, T}{735\; p'}}.$$

542) Man kennt den Bruchtheil des Tages f, während dessen gearbeitet wird, ferner den Preis P einer Pferdekraft, welche das ganze Jahr hindurch arbeitet, und den Preis P' eines m^3 des Leiters, dessen specifischer Widerstand ϱ ist. Wie gross muss dann der Querschnitt des Leiters gewählt werden, damit J Ampère möglichst vortheilhaft durchgeleitet werden?

Antwort: Wenn man die Thomson'sche Formel zu Grunde legt und darin $T = f N$ setzt, wo N die Anzahl der Sekunden eines Jahres bezeichnet, ferner $p = \dfrac{P}{N}$ und $p' = \dfrac{P'}{10^6}$ ersetzt, so wird

$$q = J\sqrt{\frac{20 \cdot 10^6\, f \cdot \varrho\, P}{735\; P'}} = 164{,}9\; J\sqrt{f \varrho\, \frac{P}{P'}}.$$

543) Man bestimme den günstigsten Querschnitt des Leiters, welcher J Ampère übertragen soll, wenn ein Watt in der Sekunde F und ein cm^3 des Leiters F' kostet.

Antwort: Da $P = 735\, F \cdot 31\,500\,000$, und $P' = 10^6\, F'$ ist, so wird die Formel der vorigen Aufgabe die Form erhalten, welche Ferrini ihr gegeben, nämlich

$$q = J \sqrt{20 \cdot 10^6 \cdot 31{,}5\, f \varrho \frac{F}{F'}} = 10000\, J \sqrt{6{,}3\, f \varrho \frac{F}{F'}}.$$

544) Um eine Wasserkraft von 250 Pferdekräften zu übertragen, baut man eine Einrichtung, welche 420000 fs kostet. Die jährlichen Unkosten sind auf 10000 fs geschätzt, wozu aber noch 4 % Zinsen und 2 % Amortisation kommen sollen. Der Preis des Kupfers beträgt 0,016 fs der cm^3, und der specifische Widerstand desselben ist 1600 *E. M. E.* Die vorhandene Kraft wird während 7 Stunden täglich gebraucht. Welches ist der vortheilhafteste Querschnitt, wenn man 50 Ampère übertragen will?

Antwort: Die jährliche Ausgabe beläuft sich auf

$$\frac{6}{100} \cdot 420\,000 + 10\,000 = 25\,200 \text{ fs,}$$

oder auf 100,8 fs die Pferdekraft im Jahr. Hiernach giebt die Formel der vorletzten Aufgabe

$$q = 164{,}9 \cdot J \sqrt{\frac{7}{24} \cdot \frac{1600}{10^9} \cdot \frac{100{,}8}{16000}} = 0{,}000894\, J\ [cm^2] =$$

$$= 0{,}0894\, J\ [mm^2] = 0{,}0894 \cdot 50 = 4{,}47\ [mm^2].$$

Der Durchmesser des Drahtes ist dann $d = 2{,}4\ mm$.

545) Vier Brusch-Bogenlampen sind hinter einander geschaltet je um 50 *m* von einander entfernt; jede Lampe hat 6 Ohm Widerstand; die Dynamo ist um 400 *m* von der ersten Lampe entfernt. Wie dick muss der Leitungsdraht, dessen Leitungsfähigkeit 96 % von derjenigen des reinen Kupfers ist, sein, wenn sein Widerstand nur 8 % des Lampenwiderstandes sein soll?

Antwort: (Day.) Der Leitungsdraht ist $2 \cdot 400 + 300 = 1100\ m$ lang; der Lampenwiderstand boträgt $4 \cdot 6 = 24$ Ohm, der Leitungswiderstand also $0{,}8 \cdot 24 = 1{,}92$ Ohm. Der Meter Kupferdraht (zu 96 %) von 1 *mm* Dicke hat einen Widerstand von $0{,}02104 : 0{,}96$ Ohm. Wenn also d die gesuchte Drahtdicke ist, so muss die Gleichung erfüllt sein

$$1{,}92 = \frac{0{,}02104}{0{,}96} \cdot \frac{1100}{d^2}.$$

Aus ihr folgt $d = 3{,}54$ *mm*.

546) Der Widerstand einer Glühlampe beträgt 80 Ohm; sie ist um 3,7 *m* von der Hauptleitung entfernt; der Kupferdraht hat 85 % Reinheit. Wie dick muss der Draht sein, damit sein Widerstand 0,08 % des Lampenwiderstandes ausmacht?

Antwort: (Day.) Der Leitungsdraht soll 80.0,0008 = 0,064 Ohm Gesammtwiderstand oder 0,064 : (2 . 3,7) = 0,00865 Ohm Widerstand pro Meter haben. Ein Draht von **1** *m* Länge und **1** *mm* Dicke von dem vorliegenden Kupfer hat 0,02104 : 0,85 = 0,02475 Ohm Widerstand. Zwischen den Widerständen der **1** *m* langen Stücke und den Dicken muss die Proportion erfüllt sein

$$0{,}00865 : 0{,}02475 = 1^2 : d^2.$$

Es muss demnach $d = 1{,}69$ *mm* sein.

547) Jede von 5 hinter einander geschalteten Brusch-Lampen hat 6 Ohm Widerstand. Dieselben stehen um 40 *m* von einander ab, und die Dynamo ist um 200 *m* von der ersten Lampe entfernt. Wenn man einen Draht aus reinem Kupfer und im Leiter einen Energieverlust von 10 % voraussetzt, wie dick muss dann der Leitungsdraht sein?

Antwort: (Day.) Es bezeichne R_2 den Leiterwiderstand und R_1 den Gesammtwiderstand; dann soll nach der Aufgabe

$$\frac{100}{10} = \frac{J_1^2 R_1}{J_1^2 R_2} = \frac{R_1}{R_2} = \frac{30 + R_2}{R_2}$$

sein, und somit $R_2 = 3\frac{1}{3}$ Ohm der Leiterwiderstand. Der Leiter ist 2 . 200 + 2 . 4 . 40 = 720 *m* lang und aus reinem Kupfer. Indem hierauf nochmals die Berechnung seines Widerstandes stützt, ergiebt sich die Bedingung

$$3\tfrac{1}{3} = \frac{0{,}02104 \cdot 720}{d^2},$$

woraus $d = 2{,}12$ *mm*.

548) In einer Beleuchtungsanlage mit 44 Swanlampen, von denen jede 1,25 Ampère verlangt, ist der Leitungsdraht 880 *m* lang,

4 *mm* dick und hat 94 % Reinheit. Welche Wärmemenge wird in jeder Stunde in diesem Leiter entwickelt?

Antwort: Die Stromstärke beträgt $J = 44 \cdot 1{,}25 = 55$ Ampère. Die Leitung würde, wenn sie aus reinem Kupfer hergestellt wäre, einen Widerstand von $R = 0{,}02057 \cdot 880 \cdot \dfrac{1}{16} = 1{,}13135$ Ohm haben. Die wirkliche Leitung hat somit $1{,}13135 \cdot \dfrac{100}{94} = 1{,}203$ Ohm Widerstand. Aus Stromstärke und Widerstand ergiebt sich die Wärmemenge

$$Q = \frac{1}{4{,}18} \cdot 55^2 \cdot 1{,}203 \cdot 3600 = 3134{,}1 \text{ Cal. } kg.$$

XXXII. Telegraphen.

549) Man bestimme den algebraischen Ausdruck des Isolationswiderstandes der isolirenden Schicht bei einem Kabel von l Meter Länge, wenn die hohlcylindrische Schicht die Durchmesser d und D und eine specifische Leitungsfähigkeit k hat.

Antwort: Es seien zwei unendlich benachbarte cylindrische und conaxiale Flächen auf den Potentialen V_1 und V_2; ihre, auf einem Radius gemessene Entfernung sei dx. Dann lässt sich, ähnlich wie für die Wärmeleitung, annehmen, dass die Elektricitätsmenge i, welche durch ein Flächenelement σ hindurchgelangt, gegeben ist durch

$$i = \frac{(V_2 - V_1)\, k\, \sigma}{dx}.$$

Von einer Cylinderfläche zur anderen geht dann die Menge über

$$J = \frac{(V_2 - V_1)\, k\, 2\, \pi\, x\, l}{dx}.$$

Dem Ohm'schen Gesetz zu Folge muss ausserdem $J \cdot dr = (V_2 - V_1)$ sein. Aus diesem ergiebt sich ein Ausdruck für den elementaren Widerstand dr, der zwischen den beiden unendlich benachbarten Cylindern auftritt, nämlich durch Division letzterer Gleichung durch erstere

$$dr = \frac{dx}{2\, k\, \pi\, x\, l}.$$

Sind nun die Cylinderflächen um die endliche Strecke $\frac{D-d}{2}$ von einander entfernt, so wird der Widerstand durch Integration erhalten als

$$R = \int dr = \int_{x=\frac{d}{2}}^{x=\frac{D}{2}} \frac{dx}{2\,k\,\pi\,x\,l} = \frac{1}{2\,\pi\,k\,l}\ \log\ \mathrm{nat}\ \frac{D}{d}.$$

550) Man wünscht den Isolationswiderstand eines Kabels zu kennen, welches die Länge L hat und dessen isolirende Schicht die Dicke $\frac{D-d}{2}$ und den specifischen Widerstand ϱ hat.

Antwort: Da der specifische Widerstand der reciproke Werth der Leitungsfähigkeit ist, so ergiebt die Lösung der vorigen Aufgabe sofort

$$R = \frac{\varrho}{2\,\pi\,L}\ \log\ \mathrm{nat}\ \frac{D}{d} = \frac{\varrho}{2{,}73\,L}\ \log\ \mathrm{com}\ \frac{D}{d}.$$

551) Das Kabel im persischen Golf (1868) ist 845 *km* lang; seine isolirende Schicht hat die Durchmesser 2,8 *mm* und 7,85 *mm*, und einen specifischen Widerstand von $1{,}5 \cdot 10^{25}$. Wie gross ist sein kilometrischer Widerstand? — Wie gross ist sein gesammter Isolationswiderstand?

Antwort: Nach der vorigen Aufgabe wird

$$R = \frac{1{,}5 \cdot 10^{25}}{2{,}73 \cdot 100000}\ \log\ \frac{7{,}85}{2{,}8}\ E.\ M.\ E. = 24{,}6 \cdot 10^3\ \text{Megohm.}$$

Der Gesammtwiderstand ist $= \dfrac{R}{L} = \dfrac{24{,}6 \cdot 10^3}{845} = 29{,}11$ Megohm.

552) Die Telegraphenlinie zwischen den zwei Stationen A und B hat 80 Ohm Widerstand; die Batterie in A hat 40 Volt elektromotorische Kraft bei 10 Ohm innerem Widerstand. Das Linienende in B ist mit einem Apparat von 10 Ohm Widerstand verbunden. Man setzt voraus, dass irgendwo zwischen A und B die Leitung eine Ableitung nach der Erde habe, welche einem Widerstand von 20 Ohm entspricht. Wie stark ist der Strom in der fehlerlosen Linie? — Welchen Strom giebt die Batterie bei fehlerhafter Linie ab? — Welcher Strom fliesst durch den in B eingeschalteten Apparat?

Antwort: Der Widerstand der ganzen fehlerfreien Leitung beträgt $80 + 10 + 10 = 100$ Ohm; die elektromotorische Kraft ist 40 Volt, folglich ist die normale Stromstärke 0,4 Ampère.

Im Falle der fehlerhaften Leitung beträgt der vor dem Fehler liegende Widerstand $40 + 10 = 50$ Ohm. Der hinter dem Fehler liegende Widerstand setzt sich aus demjenigen zweier Zweige zusammen, welche einzeln 20 Ohm und $(40 + 10)$ Ohm betragen, und durch $\dfrac{20 \cdot 50}{20 + 50} = 14{,}3$ Ohm ersetzt werden kann. Der Gesammtwiderstand ist also in diesem Fall $= 50 + 14{,}3 = 64{,}3$ Ohm, und die abgegebene Strommenge muss 0,62 Ampère betragen.

Dieser Strom verzweigt sich an der Fehlerstelle in zwei Theile, welche sich umgekehrt wie die Widerstände verhalten; es ist also

$$J_{20} : J_{50} = 50 : 20 = \left(\frac{5}{7} \cdot 0{,}62\right) : \left(\frac{2}{7} \cdot 0{,}62\right).$$

Durch den bei B liegenden Apparat fliessen sonach $\dfrac{2}{7} \cdot 0{,}62 = 0{,}18$ Ampère, statt der 0,4 Ampère.

553) Auf der Station A befindet sich eine Batterie von 36 Volt elektromotorischer Kraft und 8 Ohm Widerstand; um 20 Ohm von A entfernt, befindet sich auf der Linie eine mangelhafte Erdverbindung, welche 30 Ohm Widerstand entspricht. Die Linie $A B$ selbst hat 120 Ohm Widerstand und in B befindet sich noch ein Apparat mit 12 Ohm. Wie stark muss der Strom in der fehlerlosen Linie sein? — Welchen Strom giebt die Batterie in die fehlerhafte Linie ab? — Wie viel Strom geht durch den Apparat in B?

Antwort: Der normale Widerstand beträgt im Ganzen $8 + 120 + 12 = 140$ Ohm; die normale Stromstärke ist somit

$$J = \frac{36}{140} = 0{,}257 \text{ Ampère.}$$

Vor dem Fehler liegt der Widerstand von $8 + 20 = 28$ Ohm; die folgende Verzweigung entspricht einem Widerstand von

$$\frac{30 \cdot (120 + 12)}{30 + (120 + 12)} = 24{,}4 \text{ Ohm,}$$

so dass die fehlerhafte Linie $28 + 24{,}4 = 52{,}4$ Ohm Gesammtwiderstand, und somit 0,7 Ampère Strom hat.

Dieser Strom von 0,7 Ampère vertheilt sich nach dem Verhältniss

$$J_{30} : J_{132} = 132 : 30 = \left(132 \cdot \frac{0{,}7}{162}\right) : \left(30 \cdot \frac{0{,}7}{162}\right).$$

Durch den in B liegenden Apparat fliessen $\dfrac{30 \cdot 0{,}7}{162} =$
$= 0{,}13$ Ampère, statt 0,257.

554) In einer Linie, welche einen Fehler von f Ohm Widerstand hat, ist eine Batterie mit der elektromotorischen Kraft E eingeschaltet. Der Widerstand der Linie zwischen der Abgangsstation
und dem Fehler beträgt mit demjenigen der Batterie und des Appa-
rates zusammen R Ohm; der Rest der Linie und der Empfangsapparat haben zusammen noch r Ohm. Wie gross ist die durch
den Empfangsapparat gehende Stromstärke?

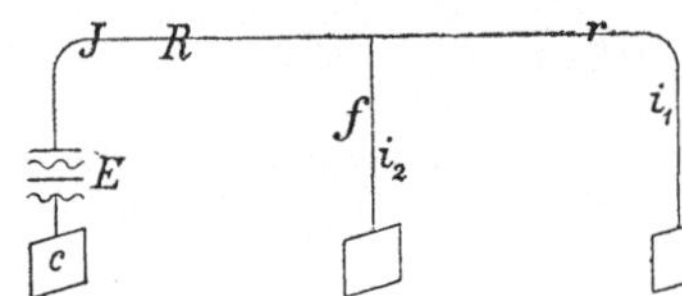

Antwort: Bezeichnet i_1 die
durch den Fehler und i_2 die durch
den Empfangsapparat zur Erde
gehende Stromstärke, so gilt für
diese Verzweigung die Proportion

$$i_1 : i_2 = f : r.$$

Aus ihr folgt durch Umformung

$$i_1 = \frac{f J}{f + r}.$$

Anderseits ist der von der Batterie ausgehende Strom

$$J = \frac{E}{\dfrac{f r}{f + r} + R},$$

demnach das gesuchte

$$i_1 = \frac{f E}{R r + f R + f r}$$

555) Die Telegraphenlinie zwischen den Stationen A und B
hat Fehler in den beiden Punkten F und G. In A befindet sich
eine Batterie mit 40 Volt elektromotorischer Kraft und 15 Ohm
Widerstand. Die Apparate in A und die Linie bis F haben zusammen 50 Ohm Widerstand; der erste Fehler in F entspricht

20 Ohm; von F bis G hat die Linie 60 Ohm, der Fehler in G entspricht 30 Ohm und der Rest der Linie mit den Apparaten in B hat ·70 Ohm Widerstand. Wie stark sollte normaler Weise der Strom sein? — Wie stark ist der Strom, der nach B gelangt?

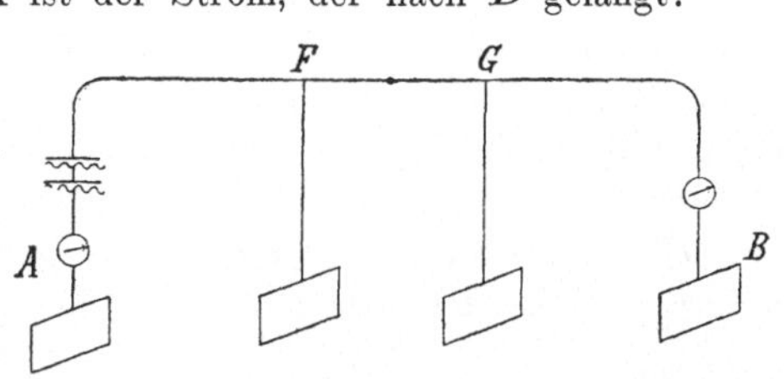

Antwort: Der Widerstand des fehlerlosen Stromkreises beträgt $15 +$ $+ 50 + 60 + 70 =$ $= 195$ Ohm; die normale Stromstärke wäre also $40 : 195 = 0{,}20$ Ampère.

Für den· ganzen Stromkreis bilden der letzte Theil der Linie und der letzte Fehler zusammen eine Verzweigung, deren Widerstand $(70 \cdot 30) : (70 + 30) = 21$ Ohm gleichkommen. Zu diesem Widerstand kommen von G bis F noch 20 Ohm hinzu, so dass für die in F beginnende Verzweigung die beiden Widerstände $21 + 20 =$ $= 41$ Ohm und 20 Ohm vorliegen. Dieselben lassen sich durch $(41 \cdot 20) : (41 + 20) = 13{,}5$ Ohm ersetzen. Der Gesammtwiderstand des fehlerhaften Stromkreises beträgt sonach $15 + 50 + 13{,}5 =$ $= 78{,}5$ Ohm. Er bedingt mit den 40 Volt eine Stromstärke von $0{,}51$ Ampère. Von diesem Strom gehen $\dfrac{20}{20 + 41} \cdot 0{,}51 = 0{,}17$ Ampère von F nach G. Von hier ab aber gehen nur noch $\dfrac{30}{70 + 30} \cdot 0{,}17 = 0{,}05$ Ampère bis nach B, — statt der $0{,}20$ Ampère.

556) Es bezeichne E die elektromotorische Kraft der Batterie, R den Widerstand der Batterie und der Linie bis zum ersten Fehler, R' den Widerstand der Linie zwischen dem ersten und zweiten Fehler, R'' den Widerstand der Linie vom zweiten Fehler ab und des Empfangsapparates zusammen, ferner sei f' der Widerstand des ersten und f'' derjenige des zweiten Fehlers. Wie stark ist dann der nutzbare durch den Empfangsapparat gehende Strom?

Antwort: Wenn L für $R + R' + R''$ gesetzt wird, so ist

$$J = \frac{E f' f''}{R f'' (R + R'') + R'' f' (R + R') + R R' R'' + L f' f''}$$

557) Von einer Station A aus führen zwei Drähte $A\,C\,B$ und $A\,D\,B$ nach einer Station B; der Draht $A\,D\,B$ hat eine Ableitung zur Erde in F. Um dessen Entfernung x von der Station A bestimmen zu können, wurden zunächst die Drähte in B vereinigt und der Widerstand von $A\,C\,B$ zu 15 *km* bestimmt. Mit Beibehaltung der Verbindung in B wurde dann bei A in das Stück $A\,D$ 10 *km* und in das Stück $A\,C$ 2 *km* Widerstand, zwischen $C\,D$ aber ein empfindliches Galvanometer eingeschaltet; hierauf wurde A mit dem einen Pol einer Batterie verbunden, deren anderer Pol zur Erde abgeleitet war. Nun mussten noch 66 *km* Widerstand zwischen D und F eingeschaltet werden, um das Galvanometer stromlos zu erhalten. Wie findet man hieraus die Entfernung der Fehlerstelle?

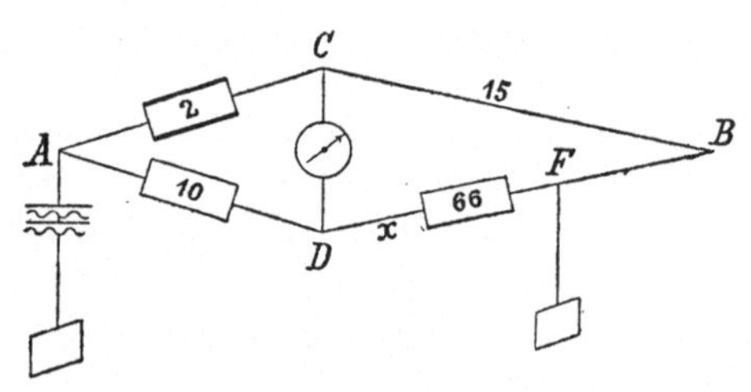

Antwort: Die Stromverzweigung ist genau diejenige der Wheatstone'schen Brücke, und daher gilt die bekannte Proportion zwischen den Vierecksseiten

$$A\,C : C\,F = A\,D : D\,F$$

oder

$$2 : (2\,.\,15 - x - 2) = 10 : (66 + x - 10).$$

Aus ihr ergiebt sich $x = 14$ *km*.

558) Zwei Stationen A und B sind durch zwei Drähte verbunden, von denen der eine mit der Erde eine Verbindung hat. Wenn man die beiden zu einem Stromkreis verbindet, so lässt sich in A der Widerstand dieser Schleife mit einem Differentialgalvanometer zu L *km* bestimmen. In einer zweiten Messung bestimmt man in A den Widerstand R *km*, um den derjenige des längeren Theiles der Schleife grösser ist als derjenige des kürzeren Theiles. Wie erhält man aus R und L die Entfernung des Fehlers von der Station A?

Antwort: Es sei x diese gesuchte Entfernung und y die Länge, welche x zur Schleife ergänzt, dann hat man die zwei Gleichungen

$$x + y = L, \qquad \text{und} \qquad y - x = R,$$

somit ist

$$x = \frac{L - R}{2}.$$

Die Einheiten des absoluten Maasssystems

nach den Beschlüssen des Internationalen Elektrikercongresses in Paris (1884).

Sämmtliche physikalischen Grössen lassen sich durch die drei mechanischen Einheiten der Länge, der Masse und der Zeit ausdrücken und sind dann, wie man sagt, in absoluten Einheiten oder in absolutem Maass ausgedrückt.

Der Internationale Elektrikercongress beschloss 1882 und 1884 in seinen Sitzungen zu Paris, dass das **Centimeter** (*cm*) die Einheit der Länge, das **Gramm** (*gr*), d. h. die Masse eines Körpers, welcher ein Gramm wiegt, die Einheit der Masse, und die **Sekunde** (sec) die Einheit der Zeit sein soll.

Darnach ergeben sich folgende Begriffsbestimmungen:

A. Mechanische Einheiten.

Die Einheit der Geschwindigkeit besitzt ein Körper, welcher sich in 1 Sekunde um 1 Centimeter fortbewegt.

Die Einheit der Beschleunigung besitzt ein Körper, dessen Geschwindigkeit in 1 Sekunde um 1 Centimeter zunimmt.

Die Einheit der Kraft, **Dyn**, ist diejenige Kraft, welche der Masse eines Grammes die Einheit der Beschleunigung ertheilt.

Die Einheit der Bewegungsmenge besitzt die Masse eines Grammes, wenn sie sich mit einer Geschwindigkeit von 1 Centimeter bewegt.

Die Einheit der Arbeit, oder die Einheis der Energie, **Erg**, wird von der Kraft 1 Dyn geleistet, wenn der Angriffspunkt dieser Kraft sich um 1 Centimeter in der Kraftrichtung verschiebt.

Die Einheit des Effektes besitzt ein Motor, welcher in 1 Sekunde eine Arbeit von 1 Erg leistet.

B. Magnetische Einheiten.

Die Einheit des Magnetismus ist diejenige Menge magnetischer Masse, welche auf eine ihr gleiche und um 1 Centimeter von ihr abstehende Menge mit einer Kraft von 1 Dyn wirkt.

Die Einheit des magnetischen Moments besitzt ein Magnetstab, dessen Pole die Einheit des Magnetismus enthalten und um 1 Centimeter von einander abstehen.

Die Einheit magnetischer Kraft liegt in einem Felde, in welchem die magnetische Masseneinheit der Kraft 1 Dyn ausgesetzt ist.

C. Elektrische Einheiten.

1. Im System der elektrostatischen Einheiten (*E. S. E.*):

Die Einheit der Elektricitätsmenge ist diejenige Menge, welche auf eine ihr gleiche, um 1 Centimeter von ihr abstehende Menge mit der Kraft 1 Dyn wirkt.

Die Einheit des Potentials erzeugt die Einheit der Elektricitätsmenge in der Entfernung von 1 Centimeter.

Die Einheit der Capacität besitzt ein Condensator, dessen beide Belegungen mit der Einheit der Elektricitätsmenge beladen sind und deren Potentialdifferenz der Einheit gleich ist.

2. Im System der elektromagnetischen Einheiten (*E. M. E.*):

Die Einheit der Elektricitätsmenge ist diejenige Menge Elektricität, welche in 1 Sekunde durch irgend einen Querschnitt eines Leiters geht, in welchem die Stromeinheit fliesst.

Die Einheit der Strommenge oder der Intensität hat derjenige Strom, welcher einen Kreisbogen von 1 Centimeter Länge und 1 Centimeter Halbmesser durchfliesst und dann auf die im Mittelpunkt liegende magnetische Masseneinheit mit der Kraft 1 Dyn wirkt.

Die Einheit des Potentials oder der elektromotorischen Kraft soll der Einheit der Elektricitätsmenge die Energie 1 Erg ertheilen.

Die Einheit des Widerstandes besitzt ein Leiter, in welchem die Stromeinheit in 1 Sekunde 1 Erg (als Wärme) ausgiebt.

Die Einheit der Capacität besitzt ein Condensator, dessen beide Belegungen mit der Einheit der Elektricitätsmenge beladen sind und deren Potentialdifferenz der Einheit gleich ist.

D. Praktische Einheiten der Elektricität.

Ein Ohm ist die praktische Widerstandseinheit und soll 10^9 *E. M. E.* des Widerstandes gleich sein.

Ein **Volt** ist die praktische Einheit der Potentialdifferenz oder der elektromotorischen Kraft und soll 10^8 *E. M. E.* gleich sein.

Ein **Ampère** ist die praktische Strom- oder Intensitätseinheit; er hat den Werth von 10^{-1} *E. M. E.* der Strommenge.

Ein **Coulomb** ist die praktische Einheit der Elektricitätsmenge; er hat den Werth von 10^{-1} *E. M. E.* elektrischer Masse. — Ein Ampère liefert einen Coulomb in jeder Sekunde.

Ein **Farad** ist die praktische Capacitätseinheit; er hat den Werth von 10^{-9} *E. M. E.* der Capacität. — Ein Farad wird von einem Coulomb auf die Potentialdifferenz eines Volt geladen.

Ein **Volt-Ampère** oder ein **Watt** ist die praktische Einheit der Energiemenge; er hat den Werth von 10^7 *E. M. E.* der Energie.

E. Wärme-Einheit.

Eine **Calorie** ist diejenige Wärmemenge, welche man 1 Gramm Wasser geben muss, um seine Temperatur um 1 Grad Celsius zu erhöhen.

C. Tafeln.

I. Namen und Dimension der mechanischen und calorischen Einheiten.

Begriff	Dimension	Name der absoluten Einheit	Praktische Einheit	
			Name	Werth in abs. Einheiten
Masse	M^1	Gramm-Masse	Kilogramm	10^3
Länge	L^1	cm	Meter	10^2
Zeit	T^1	sec	sec, min	—
Geschwindigkeit . .	$L\,T^{-1}$	—	—	—
Beschleunigung . .	$L\,T^{-2}$	—	—	—
Kraft	$M\,L\,T^{-2}$	Dyn	Kilogramm	$981 \cdot 10^3$
Bewegungsmenge . .	$M\,L\,T^{-1}$	—	—	—
Arbeit	$M\,L^2\,T^{-2}$	Erg	Meterklgr.	$981 \cdot 10^5$
			Pferdekraft	$735 \cdot 10^7$
Energie	$M\,L^2\,T^{-2}$	Erg	Watt	10^7
Winkelgeschwindigkeit	T^{-1}	—	—	—
Drehmoment . . .	$M\,L^2\,T^{-2}$	—	—	—
Trägheitsmoment . .	$M\,L^2$	—	—	—
Gravitationsconstante	$M^{-1}\,L^3\,T^{-2}$	—	—	—
Hydraulischer Druck .	$M\,L^{-1}\,T^{-2}$	—	—	—
Wärme	$M\,L^2\,T^{-2}$	Calorie (gr)	Calorie (kg)	$4{,}18 \cdot 10^6$
Temperatur	$L^2\,T^{-2}$	Grad (Celsius)	Grad (Cels.)	$4{,}18 \cdot 10^3$
Ausdehnungscoeff. .	$L^{-2}\,T^2$	—	—	—
Wärmeleitungscoeff. .	$M\,L^{-1}\,T^{-1}$	—	—	—
Erkaltungsgeschwindigkeit	$L^2\,T^{-3}$	—	—	—

II. Namen und Dimensionen der elektrischen und magnetischen Einheiten.

Begriff	Dimensionen		Praktische Einheit		
	elektro-statisch	elektro-dynamisch	Name	Werth in abs. Einheiten	
				elektro-statisch	elektro-magnet.
Elektricitätsmenge .	$M^{1/2}\,L^{3/2}\,T^{-1}$	$M^{1/2}\,L^{1/2}$	Coulomb	3.10^9	10^{-1}
Flächendichte . .	$M^{1/2}\,L^{-1/2}\,T^{-1}$	$M^{1/2}\,L^{-3/2}$	—	—	—
Elektrische Kraft Elektrisches Feld	$M^{-1/2}\,L^{1/2}\,T^{-1}$	$M^{1/2}\,L^{1/2}\,T^{-2}$	—	—	—
Stromstärke . . .	$M^{1/2}\,L^{3/2}\,T^{-2}$	$M^{1/2}\,L^{1/2}\,T^{-1}$	Ampère	3.10^9	10^{-1}
Stromdichte . . .	$M^{1/2}\,L^{-1/2}\,T^{-2}$	$M^{1/2}\,L^{-3/2}\,T^{-1}$	—	—	—
Potential . . . Elektromotorische Kraft	$M^{1/2}\,L^{1/2}\,T^{-1}$	$M^{1/2}\,L^{3/2}\,T^{-2}$	Volt	$\dfrac{1}{3.10^2}$	10^8
Widerstand . . .	$L^{-1}\,T$	$L^1\,T^{-1}$	Ohm	$\dfrac{1}{9.10^{11}}$	10^9
Specifischer Widerstand	T	$L^2\,T^{-1}$	—	—	—
Specifisches Induktionsvermögen .	1	$L^{-2}\,T^2$	—	—	—
Capacität	L	$L^{-1}\,T^2$	Farad	9.10^{11}	10^{-9}
Polstärke . . . Magnetische Masse	$M^{1/2}\,L^{1/2}$	$M^{1/2}\,L^{3/2}\,T^{-1}$	—	—	—
Magnetisches Moment	$M^{1/2}\,L^{3/2}$	$M^{1/2}\,L^{5/2}\,T^{-1}$	—	—	—
Magnetisches Feld Magnetische Kraft	$M^{1/2}\,L^{1/2}\,T^{-2}$	$M^{1/2}\,L^{-1/2}\,T^{-1}$	—	—	—
Oberflächendichte .	$M^{1/2}\,L^{-3/2}$	$M^{1/2}\,L^{-1/2}\,T^{-1}$	—	—	—
Magnetisches Potential	$M^{1/2}\,L^{3/2}\,T^{-2}$	$M^{1/2}\,L^{1/2}\,T^{-1}$	—	—	—
Selbstinduktionscoefficient . . .	$L^{-1}\,T^2$	L	—	—	—

III. Physikalische Constanten.

	Specifisches Gewicht	Schmelz-temperatur	Siede-temperatur	Specifische Wärme	Wärme-leitung
Blei	11,37	326 ⁰	1525 ⁰	0,0310	0,0719
Eisen	7,86	1600	—	0,1120	0,1665
Gold	19,32	1100	—	0,0316	—
Kupfer	8,92	1050	—	0,0933	0,8190
Messing	8,40—8,71	—	—	0,0860	0,15
Nickel	8,9	1450	—	0,1091	0,0811
Platin	21,50	2000	—	0,0323	—
Quecksilber	13,55	— 38,5	357,25	0,0333	0,0148
Silber	10,53	960	—	0,0559	1,0960
Zink	7,15	412	920	0,0935	0,3056
Zinn	7,29	230	—	0,0559	0,1446
d'Arcet's Legirung	—	95	—	0,060	—
Lipowitz' Legirung	—	60—65,5	—	—	—
Wood's Metall	—	65,5—70	—	—	0,032
Paraffin	0,82—0,93	38—56	350—430	0,5156	0,000141
Guttapercha	0,98	—	—	—	—
Kautschuk	0,93	—	—	—	0,000089
Wachs	0,97	62	—	—	0,0000870
Alkohol	0,796	—	66 ⁰	0,6067	0,000487
Terpentinöl	0,887	—	159	0,4106	0,00026

IV. Specifische Induktionscapacität.

(Luft bei 0° C. und 760 *mm* gleich 1 gesetzt.)

Dielektricum	k	Dielektricum	k
Glimmer	5,20	Schellack	2,74
Flintglas	3,31	Schwefel	2,58
Crownglas	3,243	Ricinusöl	4,610
Chatterton's Mischung	2,547	Petrol	2,089—2,195
Guttapercha	2,462	Schwefelkohlenstoff	2,6091
Hartgummi	2,284	Benzol	2,3377
Harz	2,55	Kohlensäure . . .	1,000356
Pech	1,80	Sauerstoff	0,999674
Paraffin	1,9936	Vacuum	0,9985

V. Elektromotorische Kräfte der Paare Platin-(Metall) in verdünnter Schwefelsäure.

Metall	*E. M. K.*	Metall	*E. M. K.*
Kalium	173	Kupfer	35
Zink, amalgamirt . .	103	Quecksilber . . .	31
» rein	100	Gold	0
Zinn	66	Platin	0
Eisen	61	Kohle	0

VI. Elektrolyse der festen Körper.

Name	Zeichen	Atom-gewicht	Chemisches Aequivalent	Elektrochemisches Aequivalent oder Niederschlag in mgr per Coulomb		Niederschlag in gr per Ampère-Stunde	
				Pariser Congress	F. u. W. Kohlrausch	Pariser Congress	F. u. W. Kohlrausch
Aluminium	Al	27,4	13,7	0,1438	0,1418	0,518	0,510
Blei	Pb	207	103,5	1,0876	1,0712	3,915	3,856
Eisen	Fe	56	28	0,2940	0,2898	1,058	1,043
Gold	Au	196,6	65,5	0,7516	0,6780	2,706	2,441
Kalium	K	39,1	39,1	0,4105	0,4047	1,478	1,457
Kupfer	Cu	63	31,5	0,3307	0,3280	1,191	1,181
Natrium	Na	23	23	0,2415	0,2381	0,869	0,857
Nickel	Ni	59	29,5	0,3097	0,3053	1,115	1,099
Platin	Pt	194,3	64,8	—	0,6710	—	2,4156
Quecksilber . . .	Hg	200	100	1,05	1,0355	3,780	3,728
Silber	Ag	108	108	1,134	1,1183	4,082	4,026
Zink	Zn	65	32,5	0,3412	0,3364	1,228	1,211
Zinn	Sn	118	59	0,6195	0,6106	2,230	2,198

VII. Elektrolyse der Gase.

Name	Zeichen	Atomgewicht	Chemisches Aequivalent	Erzeugte Volumina	Gewicht von 1 cm^3 in mgr	Elektrochemisches Aequivalent, d. h. ein Coulomb entwickelt nach			
						Pariser Congress 1884		F. u. W. Kohlrausch	
						mgr	cm^3	mgr	cm^3
Wasserstoff . . .	H	1	1	1	0,08952	0,0105	0,1176	0,010386	0,1160
Sauerstoff	O	16	8	½	1,42908	0,0840	0,0588	0,08309	0,05815
Knallgas	H² + O	—	—	1 + ½	0,53604	0,0945	0,1764	0,09327	0,1740
Chlor	Cl	35,4	35,4	1	3,16696	0,3727	0,1167	0,3687	0,1164
Stickstoff	N	14	4,7	⅓	1,25440	0,0490	0,0390	0,0484	0,03858
Jod	J	126,5	126,5	1	4,948	1,3335	0,2695	1,3190	0,26657
Brom	Br	80	80	1	7,14115	0,8400	0,1176	0,8309	0,11638

VIII. Absoluter Widerstand und relative Leitungsfähigkeit von Metallen.

	Widerstand			Leitungsfähigkeit, bezogen auf Quecksilber von Null Grad
	1 cm^3 in $E.\,M.\,E.$	Draht von 1 m Länge und 1 mm Dicke in Ohm	Draht von 1 m Länge und 1 gr Gewicht in Ohm	
Silber, geglüht . . .	1521	0,01937	0,1544	63,80
» gezogen . . .	1652	0,02103	0,1680	57,226
Kupfer, geglüht . .	1616	0,02057	0,1440	55,86
» gezogen . .	1652	0,02104	0,1469	52,207
Gold, geglüht . . .	2081	0,02650	0,4080	44,06
» gezogen . . .	2118	0,2697	0,4150	43,84
Aluminium, geglüht .	2945	0,03751	0,0757	30,86
Zink, gepresst . . .	5689	0,07244	0,4067	16,64
Platin, geglüht . . .	9158	0,1166	1,96	6,073
Eisen, » . . .	9825	0,1251	0,7654	9,685
Nickel, » . . .	12600	0,1604	1,071	7,374
Zinn, gepresst . . .	13360	0,1701	0,9738	9,874
Blei, » . . .	19850	0,2526	2,257	5,111
Antimon, » . . .	35900	0,4571	2,411	2,053
Wismuth, » . . .	132700	1,689	13,03	0,800
Quecksilber, flüssig .	99740	1,2247	13,06	1,000
Neusilber	21170	0,2695	1,85	3,603

IX. Elektrische Widerstände von Isolatoren und Flüssigkeiten.

Isolator	1 cm^3 in $E.\ M.\ E.$	Flüssigkeit	1 cm^3 in $E.\ M.\ E.$
Glimmer bei 20° .	$8,4 . 10^{22}$	Wasser	$7,18 . 10^{10}$
Guttapercha . . .	$4,5 . 10^{23}$	» mit 0,2% $H_2\,SO_4$	$4,47 . 10^{10}$
Schellack	$9,0 . 10^{24}$	» 8,3 »	$3,32 . 10^{9}$
Hartgummi . . .	$2,8 . 10^{25}$	» 20 »	$1,44 . 10^{9}$
Paraffin	$3,4 . 10^{25}$	» 35 »	$1,26 . 10^{9}$
Graphit	24 bis $418 . 10^{5}$	» 41 »	$1,37 . 10^{9}$
Bunsenkohle . . .	$670 . 10^{5}$	$Zn\,SO_4 + 23$ Aq . . .	$1,87 . 10^{10}$
Selen	$6 . 10^{13}$	$Cu\,SO_4 + 45$ Aq . . .	$1,95 . 10^{10}$
		Salpetersäure	$2,056 . 10^{9}$
		Meersalzlösung, gesättigt	$6,116 . 10^{9}$

X. Constanten einiger Elemente.

Element	Bemerkungen	E. M. K. Volt	Widerstand Ohm
Clarke . .	Reines Zink in einer Paste aus $Zn\,SO_4 + Hg_2\,S$, Hg, Pt . .	1,457	—
Kittler . .	Amalg. Zn in $SO_4 + H_2O$ (d = 1,075), $Cu\,SO_4$ (d = 1,2), Cu . . .	1,194	—
H. F. Weber	Amalg. Zn, conc. $Zn\,SO_4$, conc. $Cu\,SO_4$, Cu	1,0954	—
Bunsen . .	Höhe 20 cm	1,90	0,05—0,25
Thomson .	12 dm^2 Oberfläche	1,06	0,20
Reynier . .	Rechtwinkliges Modell, doppeltes Diaphragma	1,50	0,075
Tommasi .	Zn, verd. SO_4 (d = 1,03), Kohle, salpeters. Mischung	1,77	0,20
Daniell . .	Amalg. Zn in verd. SO_4 (d = 1,18), $Cu\,SO_4$, Cu	1,079	0,61
Grove . .		1,95	0,15
Leclanché .		1,48	—
Smée . . .	Amalg. Zn, verdünnte SO_4, Pt .	0,59	0,10

XI. Constanten zur Berechnung der Sicherheitsstücke

(nach der Formel $J^{amp} = A \sqrt{r^3}$).

Metall	A	Metall	A
Blei	36	Messing	146
Eisen.	64	Nickel	115
Kupfer	215	Platin.	105
Magnesium	107	Silber	250

XII. Horizontalcomponente des Erdmagnetismus

in $E.\ M.$ Einheiten $cm,\ gr,$ sec zu Anfang 1880.

Jährliche Zunahme etwa 0,003.

Nördliche Breite	Länge = 20° v. Ferro	25°	30°	35°	40°
45°	0,209	0,212	0,217	0,221	0,225
46	205	208	213	217	221
47	201	204	209	213	217
48	197	200	204	209	213
49	193	196	200	205	208
50	188	192	196	200	204
51	185	188	192	196	200
52	181	184	188	192	195
53	177	181	185	188	191
54	174	177	182	184	187
55	169	175	178	181	183